"十二五"国家重点图书出版规划项目
普通高等教育"十二五"重点规划教材

工程材料成形及数控
技术实训指导书

（下册）

主编　王国凡　吕怡方

主审　张　慧

学　　　院＿＿＿＿＿＿＿＿＿＿＿＿＿＿＿＿＿

班　　　级＿＿＿＿＿＿＿＿＿＿＿＿＿＿＿＿＿

学生姓名＿＿＿＿＿＿＿＿＿＿＿＿＿＿＿＿＿

学　　　号＿＿＿＿＿＿＿＿＿＿＿＿＿＿＿＿＿

指导教师＿＿＿＿＿＿＿＿＿＿＿＿＿＿＿＿＿

成　　　绩＿＿＿＿＿＿＿＿＿＿＿＿＿＿＿＿＿

U0232291

哈尔滨工业大学出版社

内容提要

本书由 13 个实训组成,具体内容为:工程材料及热处理、金属塑性成形、焊接成形、铸造成形、车镗加工、铣刨加工、磨削加工、钳工、典型零件加工工艺分析、数控车工、数控铣床和加工中心、数控加工自动编程技术和数控电火花线切割加工等。每章由实训目的,实训重点掌握的内容和实训的主要任务三部分组成。

本书可作为机械工程与自动化专业本科生、职业教育、高职高专学生的实训课教材。

图书在版编目(CIP)数据

工程材料成形及数控技术实训指导书:(上下册)/王国凡,
吕怡方主编. —哈尔滨:哈尔滨工业大学出版社,2015.8(2016.8 重印)
ISBN 978-7-5603-5497-2

Ⅰ.①工…　Ⅱ.①王…②吕…　Ⅲ.①工程材料-成
形-教学参考资料②工程材料-数控技术-教学参考资料
Ⅳ.①TB3②TP273

中国版本图书馆 CIP 数据核字(2015)第 158104 号

策划编辑	张秀华
责任编辑	张秀华
封面设计	卞秉利
出版发行	哈尔滨工业大学出版社
社　　址	哈尔滨市南岗区复华四道街 10 号　邮编 150006
传　　真	0451-86414749
网　　址	http://hitpress.hit.edu.cn
印　　刷	哈尔滨久利印刷有限公司
开　　本	787mm×1092mm　1/16　印张 12　字数 280 千字
版　　次	2015 年 8 月第 1 版　2016 年 8 月第 2 次印刷
书　　号	ISBN 978-7-5603-5497-2
定　　价	30.00 元(上下册)

前　　言

《工程材料成形及数控技术实训指导书》是普通高等教育"十二五"重点规划教材。

机械工业是为国民经济各行业提供技术装备的战略性产业,是产业升级、技术进步的重要保障,是国民经济发展的支柱产业,其涉及航空航天、交通运输、军工、农业、建筑等行业。近几年来,随着新材料、新技术、新工艺、新产品的不断涌现,工程材料成形及数控技术越来越显示出其重要性。

为进一步贯彻落实"国务院关于大力推进职业教育的发展的决定"的精神,满足制造业人才的需求,培养与经济社会相适应的应用型人才,以卓越工程师教育培养计划为平台,建立优秀工程技术人才培养模式,编者根据近几年教学实践中存在的"实习考核依据不充分,实训效果不明显"等问题,编写了这本《工程材料成形及数控技术实训指导书》。

本书是吕怡方和吴俊亮主编的《机械工程实训教程》的配套书,同时也是作为实训考核的依据。此外,根据工程实训大纲提出的目的和要求,按照"基本够用和必须掌握"的原则,力求做到重点突出、富有创新、贴近实际,以帮助学生在较短时间内更准确、更灵活、更全面地掌握工程实训中的相关知识。

本书由13个实训组成,具体内容为:工程材料及热处理、金属塑性成形、焊接成形、铸造成形、车镗加工、铣刨加工、磨削加工、钳工、典型零件加工工艺分析、数控车工、数控铣床和加工中心、数控加工自动编程技术、数控电火花线切割加工等。通过工程实训的过程掌握各种金属材料的性能、组织、特点以及金属材料各种加工方法的基础理论、基本工艺、使用设备以及应用范围等。在工程实训中,在教师的指导下独立使用各种加工方法完成1～2个零件的制作,锻炼动手能力,使所学知识得到升华。通过工程实训的全过程加深对专业基础课、专业课的理解,为做好课程设计、毕业设计做准备,为今后从事相关工作打下坚实的基础。

本书第1～4章由王国凡编写,第5章由王萌萌编写,第6,7章由刘河洲编写,第8章由石广才编写,第9,10章由吕怡方编写,第11章由方传凯编写,第12章由张成编写,第13章由房秀荣编写。全书由王国凡教授统定稿,张慧教授主审。在此感谢刘延利、冀博、蔡忠基等老师对本书编写提出的宝贵意见。

由于编者学识水平有限,书中不当之处在所难免,敬请读者提出宝贵意见。

编　者

2015年5月

目　　录

目　录

机械工程训练教学大纲(机类)

实习名称	中文:机械工程训练			
	英文:Mechanical Engineering Training			
适用专业	机械设计制造及其自动化		培养层次	本科、高职
实训学期	实习周数	5	学　分	5

一、训练目的与要求

(一)训练目的

实训课程为必修课,是机械类相关专业技术基础课程中的综合性实践教学环节。课程以学生独立操作的实践教学为主,在保证基本教学要求的同时,尽可能地与生产实践相结合。通过机械工程训练的实践教学,使学生初步接触生产实际、学习机械制造工艺的基本知识。通过实际操作,培养学生一定的操作技能、动手能力和创新意识,提高创新思维和综合运用所学知识与技能的能力,为今后从事相关方面的工作奠定实践基础,同时也对科学的思想作风和工作作风进行培养。

(二)训练要求

通过机械工程训练的实践性教学,使学生了解掌握机械制造方面的基本知识和基本技能,具体教学要求如下:

1.了解机械制造的一般过程。熟悉机械制造中毛坯的基本成形方法、零件的基本加工方法以及所用的相关设备、工夹量具、材料、工艺、加工质量要求和安全技术等,并对零件结构工艺性有初步了解。

2.亲自动手完成工程材料的热处理、塑性成形、铸造成形的工艺过程。学习车工、钳工、铣工、刨削加工、数控车工、数控铣及加工中心等数控加工基本的操作技能,对焊、磨及数控电火花线切割特种加工有一定的了解。熟悉并遵守安全操作规程,建立必备的工业生产安全意识。

3.对零件简单表面的加工,初步具有选择加工方法以及简单工艺分析的能力。

4.了解机械加工的新技术、新工艺、新方法。

5.培养严谨的科学态度和理论联系实际的工作作风,培养劳动观念、团体观念和经济观念。

二、实训内容

概论课(1 学时)

1. 机械制造在国民经济中的地位;机械制造工艺过程;机械工程训练的内容和安排。

2. 机械工程训练课的目的与教学要求。

3. 机械工程训练课的学习方法以及考核方法。

4. 机械工程训练课的主要规章制度。

5. 安全教育。

(一) 工程材料及热处理实训(0.5 天)

1. 教学要求

①了解常用钢铁材料的种类、牌号、性能及应用,了解不同含碳量的钢材热处理的基本操作过程。

②了解常用合金钢热处理工艺及热处理后某些性能特点。

③掌握低碳钢在拉力作用下发生弹性、屈服、伸长变形、断裂过程曲线的变化规律,了解硬度计的结构和使用方法。

2. 示范讲解

①演示低碳钢试样在拉力作用下发生弹性、屈服、伸长变形、断裂过程曲线的变化规律,并解释线段上每一点的含义。

②热处理的概念和基本操作要点及淬火过程。

③演示洛氏硬度计的使用方法。

3. 独立操作

①对 45 钢试件进行淬火(水淬)。

②实测 45 钢试件正火和淬火后的硬度值。

(二) 金属塑性成形实训(1.5 天)

1. 教学要求

①了解锻压和冲压生产工艺过程、特点和应用。

②了解自由锻设备的结构和工作原理,掌握自由锻基本工序的特点。

③了解轴类和盘套类锻件自由锻工艺过程。

④了解胎模锻的工艺特点和胎模结构。

⑤了解常见锻造缺陷及其产生原因。

⑥了解锻压生产的安全规范、环境保护措施以及简单的经济成本分析。

⑦了解冲压基本工序及其应用,了解冲模的种类、主要组成部分的名称和作用。

2. 概述介绍

锻压加工的内容、要求、安排和注意事项(包括安全技术)。

3.现场讲解

①锻造的特点和应用。

②金属的锻造性能概念,坯料加热的作用。碳钢的锻造温度范围,加热可能产生的缺陷。

③自由锻基本工序,典型锻件的自由锻工艺过程。

④模锻及其应用。

⑤典型模锻件工艺过程简介。

⑥空气锤规格的含义。

⑦板料冲压基本工序。

⑧冲模的种类,主要组成部分的名称和作用。

4.独立操作

简单零件的墩粗、拔长等操作。

5.演示操作

①自由锻基本工序:墩粗、拔长、切断等。

②高径比大于3的坯料的墩粗。

③简单冲压件。

(三)焊接成形实训(2 天)

1.教学要求

①了解常见的焊接方法和氧-乙炔切割过程、特点与应用,能根据焊接结构的重要程度、焊缝的长短、焊接位置以及工件的厚度等选择合适的焊接方式。

②了解常见焊接设备的名称和功用,焊接材料的牌号、型号和用途,焊条电弧焊工艺的内容,焊条角度和运条方法对焊接质量的影响;了解焊接缺陷和变形以及安全技术。

③了解常用焊接接头形式、坡口形式,了解不同空间位置的焊接工艺参数的选择。

④熟悉气焊设备的组成及作用,气焊火焰性质的种类和用途,焊丝和焊剂的作用与选择。

⑤能初步进行电弧焊的平焊操作。

⑥了解其他焊接、切割方法,如二氧化碳保护焊、氩弧焊、等离子切割等。

⑦了解焊接生产的安全规范、环境保护措施以及简单的经济成本分析。

2.概述介绍

焊接加工的内容、要求、安排和注意事项(包括安全技术)。

3.示范讲解

①焊条电弧焊:焊条电弧焊的过程,电弧焊机的种类,交流焊机的型号、参数和使用方法;焊条的组成、作用和牌号、型号规格;焊接工艺参数及其选择;接头形式、坡口形式和焊接空间位置;引弧、运条和平焊操作要点;焊条电弧焊的特点与应用;电弧焊安全技术。

②气焊、气割:气焊过程,气焊所用设备和工具的名称和作用,焊炬的使用方法,气焊丝的牌号、气剂的牌号和作用;气焊火焰的调节,气焊操作要点;气割过程,金属气割条件和气割应用,割炬的结构特点和使用;气焊、气割安全技术。

4. 独立操作

①能正确使用电焊机及工具,选择焊接电流,完成电弧焊的平焊操作。

②能正确使用气焊设备及工具,调整气压、火焰,完成气割或气焊操作。

③焊接创新:学生自由创新设计一种结构,制作一件焊接作品。

5. 演示操作

①焊条电弧焊的过程、特点、应用及其所用的设备、材料。

②二氧化碳气体保护焊、氩弧焊和等离子切割的过程、特点、应用及其所用的设备、材料。

③氧-乙炔气焊的过程特点和应用。

(四)铸造成形实训(2天)

1. 教学要求

①了解砂型铸造生产工艺过程及其特点和应用。

②了解手工造型和机器造型的基本方法及铸造合金熔化方法。

③了解常见铸造缺陷及其产生原因。

④能独立进行手工两箱造型。

⑤了解铸造生产的安全规范、环境保护措施以及简单的经济成本分析。

2. 概述介绍

铸造加工的内容、要求、安排和注意事项(包括安全技术)。

3. 示范讲解

①手工造型:型砂的组成和性能要求;手工造型的工具、模样、铸型结构,浇注系统的组成与功用;整模、分模、挖砂、假箱、活砂、三箱造型方法示范,刮板、组芯等造型方法演示。

②砂芯制造:砂芯的作用,砂芯的定位与固定方法,芯砂的特点与组成,芯盒的结构,造芯工艺过程,造芯演示。

③合金熔炼:铸造合金的种类及其熔化方法与设备。

④浇注、落砂、清理及检验等工序:各工序的作用及所用的方法与设备,浇注温度与浇注速度对铸件质量的影响,落砂时铸件的温度及其影响,铸件清理的内容与方法,浇冒口的切除方法,常见铸造缺陷及其产生原因。

4. 独立操作

①造型操作练习:整模、分模、挖砂、活砂等造型方法。

②进行手工造型:参加浇注、落砂、筛砂和清理铸件。

③铸型工艺分析:选择典型零件的造型工艺方案,进行试做与比较。

(五)车镗加工实训(3天)

1. 教学要求

①掌握车削加工的基本方法,了解普通车床、车刀、量具和主要附件的结构与使用方法。

②掌握车削的基本知识和操作技能,能加工一般轴类零件,初步熟悉其基本工艺过程,并了解盘套类零件的加工特点。

③熟悉并严格遵守操作规程。

2. 概述介绍

车削加工的内容、要求、安排和注意事项(包括安全技术)。

3. 示范讲解

①所用卧式车床的型号、用途、切削运动、主要组成及其作用,车床的调整及各手柄的使用。

②刀具安装、工件安装及所用附件。

③正确的操作方法和步骤(对刀点、试切、刻度盘使用等)。

④外圆车刀的主要几何角度((γ_o,α_o,K_r,K'_r,λ_s)),介绍常用车刀的刃磨方法及安全规则。

⑤游标卡尺的读数方法及正确使用和维护。

⑥车削所能达到的尺寸公差等级和表面粗糙度 Ra 值。

⑦车床的安全操作规程。

⑧了解轴类、盘套类零件装夹方法的特点及常用附件的结构、用途和加工工艺。

⑨普通车床的传动系统和常用机械传动方式。

4. 独立操作

操作卧式车床加工一般的轴类零件(包括车外圆、车端面、钻孔、切槽、切断、切削普通螺纹以及用小滑板转位法车锥面等),并达到以下要求:

①能独立、正确地操作卧式车床。

②能用三爪自定心卡盘正确地安装工件。

③能正确地安装车刀。

④能正确地使用与维护游标卡尺。

⑤能制定一般轴类零件的车削工艺。

⑥能独立完成车工的综合实习项目。

⑦熟悉并自觉遵守车床安全操作规程。

5. 现场演示

演示:四爪单动卡盘、心轴、塞规、中心架、跟刀架及顶尖,成形面和滚花加工方法。

(六)铣刨加工实训(2 天)

1. 教学要求

①掌握铣削加工的基本方法,熟悉主要附件的结构与使用方法。

②在教师指导下操作铣床铣削平面,了解分度头的功能。

③熟悉并严格遵守安全操作规程。

④了解牛头刨床的结构与基本操作。

2. 示范讲解

①铣床种类,所用铣床的型号、用途、切削运动、主要组成部分及作用,主轴转速和进

给量的调整,各手柄的使用。

②铣刀和工件的安装方法及附件的使用。

③正确的操作方法和步骤(包括对刀点、试切及刻度盘使用等)。

④铣削所能达到的尺寸公差等级和表面粗糙度值。

⑤分度头的结构、使用及简单分度的方法。

⑥铣床的安全操作规程。

3. 独立操作

①操作立铣加工平面。

②操作刨床刨削平面。

4. 现场演示

①在铣床上铣键槽。

②利用分度头铣削六角形工件。

(七)磨削加工实训(1 天)

1. 教学要求

①掌握磨削加工的特点以及磨床种类、型号、规格和应用范围。

②结合万能外圆磨床、内圆磨床和平面磨床,了解磨床的主要组成部分及结构、调整及操作方法。

③了解磨床的运动和液压系统基本知识。

④了解砂轮的组成和特性,砂轮的选用、安装和修整。

⑤了解磨削加工中常见的质量问题及处理方法。

⑥熟悉并严格遵守安全操作规程。

2. 示范讲解与演示

①常用磨床的种类,所用外圆磨床、内圆磨床、平面磨床、无心磨床的型号、用途、切削运动、主要组成部分及作用;磨床调整(工件转速和工作台进给),各手柄、按钮的作用和使用。

②外圆磨床工件安装方法,外圆磨床顶尖的特性。

③外圆磨床及平面磨床操作方法(对刀点、进刀要求和刻度盘的使用等)。

④砂轮修正的方法。

⑤千分尺的正确使用和维护。

⑥磨削所能达到的尺寸公差等级和表面粗糙度 Ra 值。

⑦磨床的安全操作规程。

(八)钳工训练(2 天)

1. 教学要求

①了解钳工工作在机械制造及设备维修中的作用。

②掌握钳工主要工作(划线、锯、锉、錾削、钻、攻螺纹及套螺纹)的基本操作及所用的工夹量具;了解钻、扩、铰孔、锪孔、刮削和研磨等方法。

③熟悉并严格遵守安全操作规程。

2. 概论介绍

钳工在机械制造及设备维修中的作用,钳工加工的主要内容、目的、要求和安排;安全技术规则。

3. 示范讲解

①划线:划线的目的,所用的工具和量具,划线前的准备,基准选择,平面和立体零件的划线方法。

②锯削:手锯的应用范围及使用方法,锯条的安装,锯切的正确姿势与操作方法。

③锉削:应用范围,锉刀种类、选择及锉削方法,锉削的正确姿势与操作方法,零件尺寸与形状的检验(用钢尺、卡尺、角尺、样板等)。

④钻孔:钻孔的方法,所用钻床的组成、运动和用途,工具和夹具,掌握常用钻头的刃磨方法。

⑤攻螺纹:攻螺纹前底孔直径的计算,攻螺纹的方法。

⑥套螺纹:扳牙及其安装方法,套螺纹的方法。

⑦了解研磨的特点及使用的工具、材料,了解机械部件装配的基础知识。

4. 独立操作

①锯、锉、钻、錾削、攻套螺纹的操作。

②中等复杂零件的划线工作。

③钳工创新:学生自由创新设计、制作一件钳工加工作品。

(九)典型零件加工工艺分析实训(2 天)

1. 教学要求

①了解毛坯的种类和选用原则。

②学会根据零件的使用性能、生产批量、结构形状和现有生产条件来确定毛坯。

③了解对应各种精度要求的加工方法、工序划分的原则及定位、加紧的概念。

④明确各种经济加工精度与相应的外圆表面、内孔表面和平面的加工方法及之间的关系。

2. 示范讲解

①典型轴类零件的加工工艺过程。

②典型盘套类零件的加工工艺过程。

③典型齿轮零件的加工工艺过程。

④典型箱体类零件的加工工艺过程。

(十)数控车工实训(2 天)

1. 教学要求

①了解数控车床的工作原理和有关组成及作用。

②了解数控编程仿真软件。

③了解数控车床加工零件的工艺过程。

④掌握数控车床的操作方法及刀具补偿功能的应用。

⑤熟悉并严格遵守安全操作规程。

2. 示范讲解

①所用数控车床的型号、用途、切削运动、主要组成及其作用,数控车床的正确使用。

②刀具和工件在数控车床上的安装方法。

③数控车床加工零件的操作方法、步骤及安全操作规程;演示一个典型轴类零件的加工。

3. 独立操作

①能独立、正确操作数控车床,编制程序加工一般的轴类(带螺纹、圆弧)零件。

②熟悉并严格遵守数控车床安全操作规程。

③数控车削创新:学生自由创新设计,加工一件数控车削作品。

(十一)数控铣床和加工中心实训(2 天)

1. 教学要求

①了解数控铣床的工作原理和有关组成部分的作用。

②了解数控编程仿真软件,并进行零件加工程序的编制。

③熟悉并严格遵守安全操作规程。

④了解常用刀具的技术参数、合理选择、使用技巧和安装方法。

2. 示范讲解

①所用数控铣床、加工中心的型号、用途、运动、主要组成及其作用;数控铣床的正确使用。

②刀具和工件在数控铣床上的安装方法。

③数控铣床加工零件的操作方法、步骤及安全操作规程。演示一个典型数铣零件的加工。

④利用测量仪器合理对刀,手动编程加工一个典型零件。

3. 独立操作

①能独立、正确操作数控铣床,编制程序加工一般零件轮廓。

②熟悉并严格遵守数控铣床安全操作规程。

③数控铣创新:学生自由创新设计,数控铣一件作品。

(十二)数控加工自动编程技术实训(3 天)

1. 教学要求

①了解二维、三维 CAD/CAM 原理、特点和应用场合。

②重点训练二维、三维造型、设置加工环境、选择刀具、确定加工策略、生成刀轨、模拟仿真、程序后处理和程序传输等技术环节。

2. 示范讲解

①二维、三维外轮廓自动编程加工过程操作训练。

②二维、三维内轮廓自动编程加工过程操作训练。

3. 独立操作

①利用自动编程技术完成一件回转体表面的零件加工。

②利用自动编程技术完成一件内腔体表面的零件加工。

③学生自由创新设计,加工一件图形较简单的自动编程作品。

(十三)数控电火花线切割加工实训（2天）

1. 教学要求

①了解数控电火花线切割加工的工件原理、特点和应用。

②了解数控线切割的编程方法和格式。

③熟悉线切割机床的操作方法及安全操作规程。

2. 示范讲解

①电火花线切割机床的程序编制方法及操作。

②设计图形的输入及其修改。

③电火花线切割机床的操作方法及安全操作规程。

3. 独立操作

①利用线切割机绘图软件绘制图形。

②操作线切割机床加工零件,并对零件进行清洗。

③数控线切割创新:学生自由创新设计、加工一件图形较简单的封闭一笔画作品。

拟制签名:

日期:

审核签名:

日期:

审核签名:

日期:

第1章　工程材料及热处理实训指导

一、工程材料及热处理实训的目的

"工程材料及热处理实训"是工程实践训练中一项重要的内容,通过"工程材料及热处理实训"可以掌握低碳钢力学性能的测试过程、数值、性能,金属材料各种热处理工艺。

"工程材料及热处理实训"是理论与实践联系较强的综合技能培养的环节之一。学生在学习或正在学习工程材料及热处理的基础上,在教师的指导下通过观察和实践操作1~2个低碳钢拉力试验,对试样进行正火、退火、淬火和回火,观察低碳钢试样在拉力作用下发生弹性、屈服、伸长变形、断裂的过程,以及金属热处理的内部微观组织,感悟和获得工程材料及热处理基本工艺理论、基本的热处理工艺路线、基本热处理工艺方法,以达到工程实践综合训练的目的。

二、工程材料及热处理实训重点掌握的内容

1. 了解常用钢铁材料的种类、牌号、性能及应用。

2. 了解金属材料热处理的作用和常用钢材的热处理方法。

3. 掌握热处理的定义、目的、分类、工艺、加热温度的范围以及操作过程。

4. 掌握低碳钢试样在拉力作用下发生弹性、屈服、伸长变形及断裂过程曲线的变化规律,并能解释线段上每一点的含义。

5. 独立完成1~2个零件热处理工艺的编制和热处理操作,并测定相关硬度。

6. 了解其他热处理方法、特点及应用。

三、工程材料及热处理实训的主要任务

(一)名词解释　(每题2分,共10分)

1. 冲击吸收功。

答　摆锤冲断试样所做的功。

2. 材料的强度。

答　在外力作用下,材料抵抗塑性变形和断裂的能力。

3. 正火。

答　将金属或合金加热到 Ac_3 或 Ac_{cm} 以上 $30 \sim 50 \, ℃$,保温一定时间空冷的热处理工艺。

4. 形变热处理。

答 将钢的塑性变形同热处理有机结合在一起,获得形变强化和相变强化的综合效果的工艺方法。

5. 化学热处理。

答 将金属工件置于一定温度的活性介质中保温,使介质中分解出的一种或几种元素的活性原子渗入工件的表层,以改变其化学成分、组织结构和性能的热处理工艺。

(二)判断题 (每题 1 分,共 10 分,正确在括号中打√错打×)

1. 材料的韧度随着加载速度的提高、温度的降低、应力的增大而下降。 (√)
2. 渗碳主要用于承受冲击载荷的工件。 (×)
3. Q235 钢中,235 表示材料的抗拉强度为 235 MPa。 (×)
4. 灰铸铁的牌号表示是采用 HT+数字,数字表示材料的最小抗拉强度。 (√)
5. 金属材料正火必须加热到 Ac_1 温度。 (×)
6. 材料的冲击韧度和冲击功单位表示方法一样。 (×)
7. 材料内部只要存在缺陷对其力学性能就有不同程度的影响。 (√)
8. 选择材料时,首先应满足使用性能。 (√)
9. 制造手用锯条应选用 T10 钢材。 (√)
10. 为提高低碳钢工件的机械加工性能,应采用淬火。 (×)

(三)填空题 (每空 2 分,共 20 分)

1. 合金结构钢牌号表示方法由三部分组成,即(数字+合金元素符号+数字)表示。
2. 测量材料的硬度符号 HB 表示(布氏硬度)。
3. 碳钢中除含碳外还有少量的(锰、硅)有益元素。
4. 铸铁是碳的质量分数大于(2.11%)的铁碳合金。
5. 去应力退火是将工件加热到(500~650 ℃)保温。
6. 球墨铸铁,石墨是以(球状)存在于铸铁中。
7. 对于渗碳零件一般采用先(渗碳)后(淬火)再(低温回火)。
8. 工程材料的性能分为使用性能和(工艺性能)。

(四)单项选择题 (每空 2 分,共 20 分)

1. 材料的工艺性能是指(b)中表现出的难易程度。
   a. 焊接过程;b. 加工过程;c. 热处理过程
2. 材料没有明显的屈服强度时,则用条件屈服强度来表示,符号为(c)。
   a. σ_{20};b. σ_2;c. $\sigma_{0.2}$
3. 低温回火的刀具、量具、冷冲模等其硬度值在(a)范围。
   a. 58~65 HRC;b. 35~45 HRC;c. 25~35 HRC
4. 亚共析钢淬火是将其加热到(a)温度保温。
   a. Ac_3+30~50 ℃;b. Ac_1+30~50 ℃;c. Ac_m+30~50 ℃

5. 制作冲压模具选择(b)。
　　a. Q345E；b. 40Cr；c. 20 钢

6. 自行车钢三角架可用(c)。
　　a. 黄铜；b. W18Cr4V；c. 20 钢

7. 车床变速箱齿轮选用(b)热处理。
　　a. 淬火；b. 渗碳；c. 正火

8. 航海仪表指针选用(a)。
　　a. 黄铜；b. 不锈钢；c. 非金属材料

9. 工程上塑性材料是指延伸率(c)的材料。
　　a. $\delta > 30\%$；b. $\delta > 10\%$；c. $\delta > 5\%$

10. 对重要的焊接结构，焊接后应采用(b)热处理。
　　a. 回火；b. 消除应力退火；c. 淬火

(五)多项选择题　（选择正确答案少于 3 个不得分，每题 3 分，共 15 分）

1. 金属材料的力学性能主要包括(a,b,c,d,e,f)。
　　a. 弹性；b. 刚度；c. 强度；d. 塑性；e. 硬度；f. 冲击韧性

2. 铁碳合金平衡相图中组织有(b,c,d)。
　　a. 贝氏体；b. 渗碳体；c. 珠光体；d. 铁素体；e. 马氏体

3. 化学热处理中根据渗入气体的元素的不同有(a,c,d)。
　　a. 渗碳；b. 渗氧；c. 渗氮；d. 碳氮共渗；e. 渗氢

4. 退火是将金属加热到适当温度保温，然后随炉冷却到室温，其包括(a,c,d,e)。
　　a. 扩散退火；b. 淬火；c. 完全退火；d. 球化退火；e. 去应力退火

5. 在正常工作条件下，金属材料应具备的使用性能有(a,b,c)。
　　a. 力学性能；b. 物理性能；c. 化学性能；d. 锻造性能；e. 焊接性能

(六)简答题　（每题 5 分，共 25 分）

1. 画出低碳钢 σ-ε 曲线，并简述各阶段拉伸变形。
答　（1）低碳钢 σ-ε 曲线，见图 1.1。

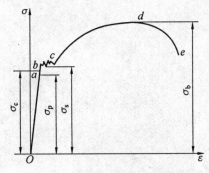

图 1.1　低碳钢拉伸 σ-ε 曲线

（2）各阶段解释

σ_e——弹性阶段。低碳钢保持弹性变形,不产生永久变形的最大应力。

σ_s——低碳钢的屈服极限。低碳钢开始发生明显塑性变形时的应力。

σ_b——抗拉强度。低碳钢断裂前所承受的最大应力,即低碳钢的强度极限。

2.退火与正火有什么不同?

答　正火与退火类似,但冷却速度比退火快。钢件在正火后的强度和硬度比退火高,但消除应力不彻底。

3.用低碳钢和中碳钢制作齿轮,要求表面具有较高的硬度和耐磨性,心部具有一定的强度和韧性,各采取什么热处理?

答　低碳钢采用渗碳+淬火+低温回火。中碳钢齿轮整体调质或表面热处理。

4.工件淬火后为什么要回火?

答　淬火后工件的硬度高、脆性大、组织不均匀,通过回火可以稳定组织,减少内应力,降低脆性,获得所需要的回火组织。

5.常用的金属材料有哪些?

答　钢、铸铁、铜及其合金、铝及其合金等。

第2章 金属塑性成形实训指导

一、金属材料塑性成形实训的目的

"塑性成形实训"是工程实践训练中一项重要的内容,通过"塑性成形实训"可以掌握塑性成形的工艺,自由锻造和模锻工艺及设备,板料的冲压、弯曲、拉深、成形工艺,塑性成形新工艺。

"塑性成形实训"是理论与实践联系较强的综合技能培养的环节之一。学生在学习或正在学习金属材料塑性成形的基础上,在教师的指导下通过观察、实践操作冲压和拆装1~2套模具,观察分析各种锻造工艺及其适用范围、板料冲压设备、冲压拉深模具结构,感悟和获得塑性成形基本工艺理论、基本的工艺路线、基本锻压工艺方法,以达到工程实践综合训练的目的。

二、金属材料塑性成形实训重点掌握的内容

1. 了解锻压生产的工艺过程、特点及应用。

2. 熟悉自由锻和模锻的设备及其传动结构,自由锻、模锻的工序,自由锻和模锻件的分类和锻造过程及操作过程。

3. 掌握塑性成形、锻造、板料冲压拉深的概念。

4. 掌握锻压的安全生产技术。

5. 掌握金属材料塑性成形组织和性能的变化、塑性变形对组织和性能的影响。

6. 掌握板料冲压设备的结构,板料冲压的基本工序,板料的冲裁、弯曲、拉深、成形模具、工艺及操作过程等。

7. 独立完成一件简单锻件的锻造或多件的冲压。

8. 了解塑性成形新工艺、特点及适用范围。

三、金属材料塑性成形实训的主要任务

(一)名词解释 (每题2分,共10分)

1. 金属材料的塑性。

答 在外力作用下,金属材料具有产生永久变形而不破坏其连续性的能力。

2. 加工硬化。

答 金属材料随着塑性变形的变形度增加,金属的强度和硬度提高,而塑性下降的现象。

3. 变形速度。

答 变形速度是指金属在锻压加工过程中单位时间内的相对变形量。

4. 体积成形。

答 在材料的加工前后，材料体积基体能够保持不变的成形方法称为体积成形，如材料的挤压、锻造等成形方法。

5. 板料冲压。

答 板料冲压是利用冲床上的冲模对金属板料加压，使之产生变形或分离，而获得零件或毛坯的加工方法。

(二)判断题 （每题 1 分，共 10 分，正确在括号中打√错打×）

1. 锻件的力学性能好于铸件。 （ √ ）
2. 锻造可以焊合原材料中存在的气孔。 （ √ ）
3. 锻造可以使金属材料的组织细化，综合力学性能提高。 （ √ ）
4. 连续模可以锻造窄长的零件。 （ √ ）
5. 锻件中的连皮是为防止上下模具接触。 （ √ ）
6. 可锻铸铁可以进行锻造。 （ × ）
7. 简单模用于锻造窄长的零件。 （ × ）
8. 锻件的曲轴力学性能好于铸造的曲轴。 （ √ ）
9. 自由锻的锻件内部流线按锻件轮廓分布。 （ × ）
10. 拉深坯料直径越大，空心件直径越小，变形程度越小。 （ × ）

(三)填空题 （每空 2 分，共 20 分）

1. 不同化学成分的金属，其塑性不同，(锻造性能)也不同。
2. 热变形加工使铸坯中(组织缺陷)得到明显改善。
3. 根据自由锻设备的不同，分为(锻锤自由锻)和(水压机自由锻)。
4. 当加热温度较高，塑性变形拉长的晶粒，重新(形核和结晶，变为等轴晶)。
5. 拉深件最危险的部位在(侧壁)与底的(过渡圆角处)。
6. 随着温度的提高，金属产生滑移变形能力增加，其(锻造)性能也得到提高。
7. 落料是被切下来的部分为(成品)，带孔的周边是废料，而冲孔是指切下来的是废料，带孔的周边为(成品)。

(四)单项选择题 （每空 2 分，共 20 分）

1. 曲轴连杆类的零件采用(b)方法制造的力学性能最好。
   a. 焊接；b. 锻造；c. 铸造
2. 对薄板拉深件应采用(b)制造。
   a. 冲孔模；b. 拉深模；c. 弯曲模

3. 模锻是指将加热后的金属坯料放在(c),使坯料受压变形,获得锻件的一种方法。

　　a. 冲模中;b. 上、下砧之间;c. 锻模模膛

4. 适合锻造成形的材料(a)。

　　a. 20 钢;b. HT250;c. 非金属材料

5. 锻造时,坯料加热温度(c)。

　　a. 越高越好;b. 相变温度以下;c. 相变温度以上一定范围内

6. 锻件出现过热时应采用(a)回复。

　　a. 正火;b. 反复锻造;c. 重新回炉冶炼

7. 粉末冶金是一种(b)切削工艺。

　　a. 较多;b. 少或无;c. 不清楚

8. 超塑性成形,钢的伸长率超过(c)。

　　a. 1000%;b. 300%;c. 500%

9. 冲圆孔时,孔径不得(a)板料的厚度。

　　a. 小于;b. 大于;c. 等于

10. 纯金属的再结晶温度与熔点的关系(b)。

　　a. $T_{再} \approx T_{熔}(\mathrm{K})$;b. $T_{再} \approx 0.4 T_{熔}(\mathrm{K})$;c. $T_{再} \approx 0.6 T_{熔}(\mathrm{K})$

(五) 多项选择题　(选择正确答案,少于 3 个不得分,每题 3 分,共 15 分)

1. 锻件的最大优势,(a,b,c)等。

　　a. 韧性好;b. 纤维组织合理;c. 锻件间性能变化小;d. 尺寸稳定;e. 加工性能好

2. 金属塑性成形分为(b,c,d)

　　a. 液态成形;b. 冷成形;c. 热成形;d. 高温成形;e. 低温成形

3. 板料冲压的基本工序有(a,c,d,e)等。

　　a. 冲裁;b. 锻造;c. 弯曲;d. 拉深;e. 成形

4. 冲压的分离工序有(a,b,c,d,e)。

　　a. 落料;b. 冲孔;c. 切断;d. 切边;e. 剖切

5. 胎模的种类很多,常用的胎膜有(a,b,c,d)。

　　a. 扣模;b. 摔模;c. 套模;d. 弯曲模;e. 拉深模

(六) 简答题　(每题 5 分,共 25 分)

1. 为什么要规定锻造加热温度范围?

　　答　随变形温度的提高,金属原子动能升高,易于产生滑移,金属的锻造性能也得到提高。如果温度过高晶粒将迅速长大,金属会出现过热和过烧,塑性下降。因此,根据金属的材质不同,加热温度应控制在一定范围。

2. 生活用品中有哪些物品是板料冲压制成的？举一个物品说明其冲压工序。

答　蒸锅,喝水的不锈钢或搪瓷水杯,不锈钢盆,铲子,勺子,自行车护链板、挡泥板,冲压暖气片等。

不锈钢盆制作工序:落料→拉深→切边→翻边。

3. 自由锻有哪些工序？简述应用范围。

答　自由锻有基本工序、辅助工序和精整工序。其中,基本工序:用于改变坯料的形状和尺寸,如镦粗、拔长、冲孔、弯曲、切割、扭转、错移等。

辅助工序:为方便基本工序操作,使坯料预先产生某些局部变形,如倒棱、压肩等。

精整工序:达到尺寸和形状要求,提高锻件表面质量,如修整鼓形、平整端面、校直弯曲。

4. 看图 2.1,在括号内写出冲裁和变形工序名称。

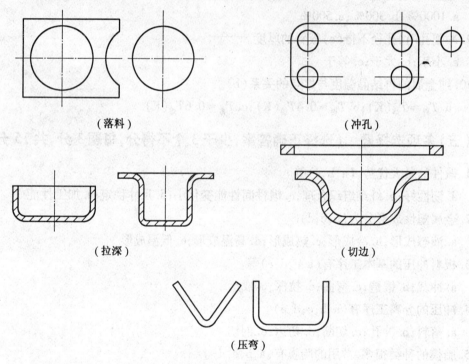

（落料）　　　　　　　　　　　　　（冲孔）

（拉深）　　　　　　　　　　　　　（切边）

（压弯）

图 2.1　变形工件

5. 看图 2.2,在括号内写出自由锻各工序名称。

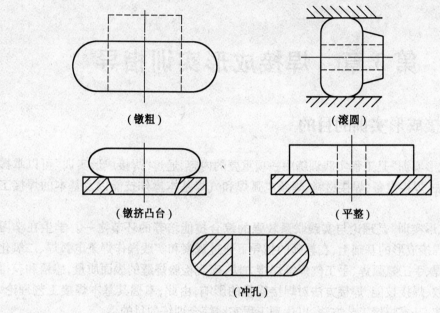

（镦粗）　　　　　　（滚圆）

（镦挤凸台）　　　　　（平整）

（冲孔）

图 2.2　锻造工件

第3章 焊接成形实训指导

一、焊接成形实训的目的

"焊接成形实训"是工程实践训练中一项重要的内容,通过"焊接成形实训"可以掌握各种焊接方法、焊接设备、焊接材料、焊条电弧焊和气焊基本操作技能以及基本的焊接工艺。

"焊接成形实训"是理论与实践联系较强的综合技能培养的环节之一。学生在学习或正在学习焊接成形的基础上,在教师的指导下通过观察和实践操作焊条电弧焊、二氧化碳气体保护焊、手工氩弧焊、手工气焊等焊接方法,宏观检验焊缝的表面质量,感悟和获得焊接工艺参数、焊接技能、焊接方法对焊接质量的影响,由此,掌握其基本焊接工艺理论、基本焊接工艺、基本焊接工艺方法,以达到工程实践综合训练的目的。

二、焊接成形实训重点掌握的内容

1. 了解焊接生产工艺过程特点及应用。
2. 熟悉焊接方法的分类、特点及应用。
3. 掌握焊条电弧焊电弧的引燃过程、电弧静特性、焊条电弧焊设备、直流焊机极性及应用。
4. 掌握焊条的结构、型号、牌号表示含义,酸性和碱性焊条的特点及应用。
5. 掌握气焊气割的设备组成、操作技能、气焊气割工艺以及工艺参数对焊缝质量的影响。
6. 独立完成 1~2 件平对接焊缝和角接焊缝的焊接。
7. 了解焊接缺陷、变形产生原因、种类、防治措施以及焊接安全知识。

三、焊接成形实训的主要任务

(一)名词解释 (每题2分,共10分)

1. 焊接成形。

答 通过加压、加热或者同时加热和加压的方法,使两个零件连接在一起的工艺称为焊接成形。

2. 焊接变形。

答 焊后引起的焊接构件形状、尺寸的变化,称为焊接变形。

3. 电弧的静特性。

答　电极材料、气体介质和弧长一定,电弧稳定燃烧时焊接电流和电弧电压变化的关系。

4. 气焊。

答　利用可燃气体与助燃气体混合作热源的焊接方法,称为气焊。

5. 手工 TIG 焊。

答　用高熔点的钨极作电极材料,焊接中不熔化,主要是产生电弧,加热熔化焊件和焊丝,形成焊缝的方法,称为手工 TIG 焊。

(二)判断题　(每题 1 分,共 10 分,正确在括号中打√错打×)

1. 气焊时,焰心末端应离钢板 2~4 mm。　　　　　　　　　　　　　　　(√)
2. 焊接电流越大,焊接接头的力学性能越好。　　　　　　　　　　　　　(×)
3. 埋弧焊可以焊接 0.5 mm 厚的钢板。　　　　　　　　　　　　　　　　(×)
4. 焊接有色金属采用氩弧焊好于焊条电弧焊。　　　　　　　　　　　　　(√)
5. 直径越细焊条长度越长。　　　　　　　　　　　　　　　　　　　　　(×)
6. E5016 属于酸性焊条。　　　　　　　　　　　　　　　　　　　　　　(×)
7. 更换焊条时焊工应戴好绝缘手套,身体也不得与焊件接触。　　　　　　(√)
8. 焊缝夹渣属于外部缺陷。　　　　　　　　　　　　　　　　　　　　　(×)
9. 气焊低碳钢时一般不使用气焊溶剂。　　　　　　　　　　　　　　　　(√)
10. 为防止烧穿,焊接薄板应选用直流正接法。　　　　　　　　　　　　　(×)

(三)填空题　(每空 2 分,共 20 分)

1. 焊条电弧焊引弧方法有(撞击法、划擦法)。
2. 焊接电流主要是根据(焊条的直径和焊件的厚度)进行选择。
3. 焊条焊接收弧法有(划圈法)、(反复断弧法)、(焊条后移法)。
4. 钎焊采用比母材(熔点低)的钎料作填充材料。
5. 禁止将焊钳放入(水)中冷却。
6. 不操作时焊钳应(悬挂)在专用焊钳架上。
7. 工作完毕或检修焊接设备时必须(拉闸)。
8. 0.1 A 电流也可维持等离子弧稳定燃烧,因此,可焊接(超薄板)。

(四)单项选择题　(每空 2 分,共 20 分)

1. 焊条 E4303 中 43 表示该焊条熔敷金属(b)。
   a. 抗拉强度不大于 430 MPa;b. 抗拉强度不小于 430 MPa;c. 抗拉强度等于 430 MPa
2. 焊条直径主要是根据焊件的(c)。
   a. 接头形式;b. 位置;c. 厚度
3. 直流电焊接时阴极区温度小于阳极区,因此,焊接厚钢板应采用(a)。
   a. 正接法;b. 反接法;c. 不清楚

4.电弧电压随着(a)而增加。

　　a.电弧的长度伸长;b.网路电压;c.电弧的长度缩短

5.气割时,焊选择切割氧气压力大小时,主要依据(b)。

　　a.乙炔压力大小;b.切割的板厚;c.氧气纯度

6.埋弧焊中焊丝的作用(c)。

　　a.与母材共同形成焊缝;b.形成电弧;c.传导电流与母材共同形成焊缝

7.焊条手弧焊的电弧长度应采用(b)的短弧。

　　a.0 mm;b.2~4 mm;c.6~8 mm

8.BX-315 中,B 表示(a)。

　　a.交流弧焊机;b.直流弧焊机;c.逆变弧焊机

9.焊件角变形是指构件的平面围绕焊缝产生的(c)。

　　a.相位移;b.圆周位移;c.角位移

10.气焊左焊法是指火焰始终指向(b),用于焊接薄板。

　　a.预热金属;b.未焊冷金属;c.熔池

(五)多项选择题　(选择正确答案少于 3 个不得分,每题 3 分,共 15 分)

1.焊条电弧焊焊条药皮的作用有(a,b,c,d)。

　　a.改善铁水流动性能;b.渗合金;c.产生保护气体;

　　d.脱渣性能;e.传导电流;f.产生电弧

2.按氧气和乙炔体积混合比的不同,气焊火焰有(b,c,d)。

　　a.氧碳混合焰;b.碳化焰;c.中性焰;d.氧化焰;e.乙炔焰

3.焊缝破坏性检验有(a,c,d)检验。

　　a.金相;b.射线;c.化学分析;d.力学性能;e.致密性

4.对接接头常用的坡口形式有(a,c,d,e)。

　　a.I 形坡口;b.K 形坡口;c.Y 形坡口;d.双 Y 形坡口;e.带钝边 U 形坡口

5.焊件的局部变形有(a,b,c,d)。

　　a.扭曲变形;b.角变形;c.错边变形;d.波浪变形;e.弯曲变形

(六)简答题　(每题 5 分,共 25 分)

1.气焊溶剂的作用?　(5 分)

答　去除熔池中的高熔点氧化物夹杂,形成熔渣覆盖在熔池表面,使熔池与空气隔离,防止熔池金属的氧化,改善焊接工艺性等。

2.叙述焊条电弧焊操作过程的体会,将体会小结写入表 3.1 中。(10 分)

表3.1　体会小结

名称	焊条电弧焊操作体会
引弧及适用范围	引弧有撞击法和擦划法,不锈钢和薄板采用擦划法,其余采用撞击法
焊条横向摆动种类及应用	横向摆动方法有9种,薄板不作横向摆动,其余根据自己掌握情况而定
焊接速度的控制	薄板焊接速度要适当快,厚板适当慢,电流大焊速要快、电流小适当慢,仰焊速度适当要快,平焊要慢
对熔池的判断	形成的熔池中,白亮色的为液态金属,黄、黑、红色覆盖在熔池表面的为焊接熔渣
焊缝接头连接方式	焊缝接头连接方式有:头尾–头尾,尾头–头尾,头尾–尾头,尾头–尾头
收弧动作适用范围	划圈收弧法、反复断弧收弧法和焊条后移收弧法; 划圈收弧法适用厚板、碱性焊条和酸性焊条; 反复断弧收弧法适用厚板、薄板以及大电流酸性焊条; 焊条后移收弧法适用厚板、碱性和酸性焊条

3.叙述焊接缺陷产生的原因,缺陷形状与名称见表3.2。(10分)

表3.2　缺陷形状与名称

缺陷名称	缺陷形状	产生原因
焊缝形状、尺寸缺陷		焊接电弧过大或过小,运条速度时快时慢,或焊件装配间隙不均匀等
焊瘤		根部焊瘤是焊接电流和电弧电压过大导致熔池温度过高,焊缝底部的熔化金属被电弧力吹到背面
咬边		焊接电流过大、焊接电弧过长、焊条角度不当、运条操作不正确等因素造成的
裂纹		热裂纹与材料含碳、硫、磷、锰、镍等元素有关;冷裂纹与母材碳当量有关;再热裂纹与母材中的铬、钼、钒等元素含量有关

续表 3.2

缺陷名称	缺陷形状	产生原因
烧穿	烧穿	是由于焊接电流太大,钝边太小、间隙太宽,焊接速度太慢或电弧停留时间太长等
未焊透	未焊透	焊接工艺参数选择不当,焊接电流太小、焊接速度太快,装配间隙太窄,坡口角度太小,钝边太厚,操作时焊条角度不当,电弧太长或电弧偏吹等
夹渣	夹渣	焊接电流小,焊接速度过快,熔池温度低使熔渣流动性差,熔渣残留来不及浮出,多层焊时层间清理不彻底等
气孔	气孔	焊件焊接位置上的油污、铁锈、焊条药皮;受潮后的水分在焊接中受热分解,使熔池中溶入了较多的气体,凝固时这些气体没来得及逸出而形成气孔;引弧和焊接操作不当也会产生气孔
未熔合	未熔合	焊接电流小、焊接速度快,造成坡口表面或先焊焊道表面来不及全部熔化而形成的。此外,运条时焊条偏离焊缝中心,焊道表面存在的熔渣和高熔点氧化物未能充分熔化

第4章　铸造成形实训指导

一、铸造成形实训的目的

"铸造实训"是工程实践训练中一项重要的内容,通过"铸造实训"可以掌握各种铸造方法、铸造设备、造型材料、砂型手工造型和铸铁的熔炼浇铸的基本操作技能以及基本的铸造工艺。

"铸造实训"是理论与实践联系较强的综合技能培养的环节之一。学生在学习或正在学习铸造成形的基础上,在教师的指导下通过观察和实践手工操作配砂、混砂、造型、合金配方、熔炼、浇铸、清理铸件、切割浇冒口、旧砂回收,宏观检验铸件表面的质量,感悟和获得型砂配方、造型技能、合金配方、浇铸对铸件质量的影响,由此,掌握基本的铸造工艺理论、铸造工艺、铸造工艺方法,以达到工程实践综合训练的目的。

二、铸造成形实训重点掌握的内容

1. 了解铸造生产工艺过程、特点及应用。
2. 熟悉型(芯)砂的组成、砂型铸造工艺、铸件分型面的选择。
3. 掌握两箱造型(整模、分模、挖砂等)的特点、铸造定义及应用。
4. 独立完成1~2件简单铸件两箱手工造型操作过程、铁水的浇铸、铸件的清理和浇注系统的切除。
5. 了解铸造产生缺陷原因、种类、防治措施以及铸造安全知识。
6. 了解常用的特种铸造方法、特点及应用。

三、铸造成形实训的主要任务

(一)名词解释　(每题2分,共10分)

1. 落砂。
答　浇铸结束,将铸件从砂型中取出的过程。
2. 铸造。
答　将熔融的金属液浇注在具有一定零件形状的铸型空腔中,冷却后获得毛坯或零件的成形方法。
3. 浇注系统。
答　填充型腔和冒口而开设于铸型上的一系列通道。

4. 铸件清理。

答　落砂后,清理铸件上的浇注系统、冒口、砂芯和毛刺,清理内外表面的黏砂,打磨、表面精整等过程。

5. 活块造型。

答　将模样上防碍起模的部分,做成可与主体脱离的活块的造型方法。

(二)判断题　(每题1分,共10分,正确在括号中打√错打×)

1. 液态金属的流动性越好,填充铸型的能力越强。　　　　　　　　　　(　√　)

2. 铸型中型砂越紧实铸件产生缺陷的倾向越小。　　　　　　　　　　(　×　)

3. 型芯主要用来形成铸件的内腔或局部外形。　　　　　　　　　　　(　√　)

4. 黏土砂是以黏土作为黏结剂的型(芯)砂。　　　　　　　　　　　　(　√　)

5. 型(芯)砂中加煤粉,可以提高浇铸时铸型的温度。　　　　　　　　(　×　)

6. 在型砂中加锯木屑,可以减低铸件的粗糙度。　　　　　　　　　　(　×　)

7. 浇铸剩余的铁水必须倒在准备的砂型中。　　　　　　　　　　　　(　√　)

8. 两箱分模造型是把模样沿最大截面处分成两半。　　　　　　　　　(　√　)

9. 内浇道不得正对型腔或型芯。　　　　　　　　　　　　　　　　　(　√　)

10. 为防止扒渣工具过热,扒渣时可用水冷却。　　　　　　　　　　　(　×　)

(三)填空题　(每空2分,共20分)

1. 冒口多用在浇铸收缩性(较大)的金属。

2. 内浇道一般开在(下型分型面)。

3. 进入铸造车间要穿好(工作服)、(工作鞋)、戴好(安全帽)。

4. 在砂箱内壁与模样之间应留有适当的(吃砂量)。

5. 整模造型常用于(简单)零件和批量生产。

6. 为减小应力集中,模样上面与面的连接处应做成(圆角)。

7. 砂型铸造砂与芯头之间间隙过大,金属液进入砂芯头易形成(气孔);间隙过小,装配困难容易压坏(砂芯头),造成废品。

(四)单项选择题　(每空2分,共20分)

1. 砂型铸造起模斜度是保证起模时(a)。

　　a.铸型不被破坏;b.母模不被损坏;c.便于液态金属定向凝固

2. 铸造冶炼灰铸铁常采用(c)。

　　a.电弧炉;b.工频感应炉;c.冲天炉

3. 铸铁中含碳量多少和碳的存在形式决定了铸铁的(a)。

　　a.种类和性能;b.性能;c.种类

4. 冒口应安置在铸件的(b)截面处。

　　a.较薄;b.厚大;c.取中间厚度

5. 为避免错箱,合箱时采用(b)和定位卡定位。

a. 定位箱;b. 定位销;c. 砂模定位

6. 造型时在模样表面撒面砂,再向砂箱内填背砂,其作用(c)。

a. 保证铸件尺寸;b. 降低铸件表面粗糙度;c. 防止黏砂

7. 为避免铸件产生开裂,型(芯)应具有一定的(b)。

a. 强度;b. 退让性;c. 可塑性

8. 为保证安全,照明行灯的电压必须是在(a)以下。

a. 36 V;b. 220 V;c. 380 V

9. 浇注工具使用前必须进行(c)。

a. 室温处理;b. 冷却;c. 烘干

10. 为防止型腔内的气体卷入铸件,浇铸铁水时(b)。

a. 前快后慢;b. 要均匀平稳;c. 加快速度

(五)多项选择题　(选择正确答案少于 3 个不得分,每题 3 分,共 15 分)

1. 铸件浇注系统由(a,b,c,e)组成。

a. 外浇道;b. 直浇道;c. 内浇道;d. 冒口;e 横浇道

2. 铸件表面常见的缺陷有(b,c,d,e)。

a. 夹杂;b. 黏砂;c. 夹砂;d. 结疤;e. 冷隔

3. 手工造型常用的主要工具有(a,b,c,d,e)等。

a. 砂箱;b. 模底板;c. 通气针;d. 起模针;e. 排笔

4. 型(芯)砂应具备的主要性能有(a,c,d,e)。

a. 强度;b. 湿度;c. 透气性;d. 耐火度;e. 退让性

5. 砂型铸造可生产(b,c,d)。

a. 精密零件;b. 复杂零件;c. 小、中、大型零件;d. 铸铁、铸钢件;e. 仪表指针

(六)简答题　(每题 5 分,共 25 分)

1. 为什么要求型芯的强度、透气性、耐火性和退让性比砂型高?

答　型芯一般在铸型的内腔,浇筑时型芯受到高温液态金属的冲刷和包围,因此要求更高。

2. 试分析铸件中产生气孔气体的来源。

答

序号	气体的来源	备注
1	型(芯)砂中含有的水分,高温时水变成了蒸汽	
2	高温时液体金属吸收了空气和杂质中产生的气体,冷却时未全部排除	
3	原材料中(砂中的结晶水、黏土、煤粉等)含有的水分,高温时水变成了蒸汽	
4	排气孔数量少或设置位置不合适出气不畅,型腔中的气体卷入液态金属中	
5	浇注速度过快,铁水出现紊流,将气体卷入液态金属中	

3. 叙述型芯表面刷涂料的作用。

答　用于提高型芯的耐火性,降低其表面的粗糙度值,防止铸件表面黏砂。

4. 在图 4.1 指示线端填写浇注系统名称。

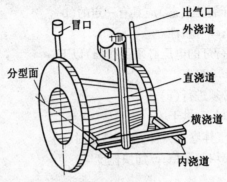

图 4.1　浇注系统

5. 简明扼要归纳手工造型过程。

答

序号	名称	操作过程
1	准备阶段	根据图纸和吃砂量选择合适的砂箱、模底板、配制好面砂和背砂
2	确定浇铸系统	确定模样和浇注系统在砂箱的位置,正确安置铸件的加工面
3	舂砂	每次填砂量要合适,舂砂按先模样周围再其他位置,且松紧要合适
4	通排气孔	在易产生气体和不易出气的部位通出气孔
5	起模	起模前在模样周围刷少量水,并轻轻敲击起模针和模样,然后垂直平稳向上起模
6	修型	修整型腔应从上到下,直角处倒圆角,开挖浇注系统
7	上涂料	型(芯)表面上涂料、烘干
8	合箱	合箱定位要准确,避免错箱,待浇铸

第 5 章　车镗加工实训指导

一、车镗加工实训的目的

"车镗加工实训"是工程实践训练中一项重要的内容,通过"车镗加工实训"可以掌握车刀的基本结构、类型、用途,了解车床和镗床的基本构造及应用范围和车床、镗床基本操作技能以及基本的车工工艺理论。

"车镗加工实训"是理论与实践联系较强的综合技能培养的环节之一。学生在学习或正在学习车镗加工成形的基础上,在教师的指导下通过观察和实践手工操作磨制 1～2 种车刀、观察车床变速箱结构、变速方法、车床尾架的应用,感悟和获得车刀的组成、车床和镗床的结构、变速的方法以及影响工件质量的因素,由此,掌握其基本车工工艺理论、基本工艺、基本工艺方法,以达到工程实践综合训练的目的。

二、车镗加工实训重点掌握的内容

1. 了解车床和镗床的类型、结构、应用范围。
2. 熟悉车削和镗削的生产工艺过程、特点及应用。
3. 掌握车刀的组成、特点、刃磨方法及应用。
4. 掌握各种量具、量规的结构、应用范围以及使用方法。
5. 按照图纸独立完成 1～2 个简单工件的粗车、精车、车退刀槽、切断等,并能达到技术要求。
6. 了解车削和镗削生产中产生缺陷的原因、种类、防治措施以及安全知识。
7. 判断简单车削工件结构的加工工艺合理性。

三、车镗加工实训的主要任务

(一)名词解释　(每题 2 分,共 10 分)

1. 车削加工。
答　车削加工是指在车床上利用工件完成旋转运动、刀具完成进给运动而进行切削的方法。
2. 量具。
答　量具是指一般的卡尺、指示表、游标卡尺、千分尺等。
3. 镗削加工。
答　镗削加工是指镗刀在镗床上加工孔和孔系的一种加工方法。

4. 切断。

答　切断是指在车削加工中将较长的毛坯棒料切成几段。

5. 量规。

答　量规是指不能指示量值,只能根据与被测件的配合间隙、透光程度或者能否通过被测件等来判断被测长度是否合格的长度测量工具。

(二)判断题 　(每题 1 分,共 10 分,正确在括号中打√错打×)

1. 普通车床加工零件表面的粗糙度可达到 1.6～12.5 μm。　　　　　　　　　(√)

2. 量仪一般是指比较精密、体积稍大的量规。　　　　　　　　　　　　　　(×)

3. 内径千分尺是测量孔径大小的。　　　　　　　　　　　　　　　　　　　(√)

4. 深度尺和游标尺连在一起,可测量槽和筒的深度。　　　　　　　　　　　(√)

5. 千分尺只要校正一次,即可使用 1 个月。　　　　　　　　　　　　　　　(×)

6. 粗车加工余量较大,产生切削热多,切削液以冷却为主。　　　　　　　　(√)

7. 精车获得的表面粗糙度值可达 1.6 μm。　　　　　　　　　　　　　　　　(√)

8. 对切削量小的精车,一般应选用高浓度的乳化液和含油性添加剂的切削液。

　　　　　　　　　　　　　　　　　　　　　　　　　　　　　　　　　　(√)

9. 车削细长轴时,若无其他措施,易出现腰鼓形的圆柱度误差。　　　　　　(√)

10. 利用坐标装置和镗孔加工,孔距精度可达 0.15 mm。　　　　　　　　　　(×)

(三)填空题 　(每空 2 分,共 20 分)

1. 车刀的刀尖安装高于工件中心线时,后刀面与工件会产生(强烈的摩擦),刀尖装的太低(易将车刀折断)。

2. 机床顶尖的作用是(支承工件、确定中心)承受工件的重力和切削力。

3. 镗刀安装在镗杆上,(主运动)是镗刀的(旋转运动)。

4. 为防止崩碎切屑伤人应装(透明挡板)。

5. 严禁(用手)拉切下来的带状切屑和螺旋状长切屑。

6. 停机后方可在机床上卸卡盘,不可用(电动机)的力量取下卡盘。

7. 按镗刀切削刃数量可分为(单刃镗刀)和(双刃镗刀)。

(四)单项选择题 　(每空 2 分,共 20 分)

1. 镗座用于夹持刀杆长度一般为刀杆直径的(a)。
　　a.4 倍;b.3 倍;c.与直径相等

2. 因精镗床用(c)作为刀具材料而得名金刚镗床。
　　a.合金钢;b.碳化物;c.金刚石

3. 车削形状不规则的工件时,应装(a)。
　　a.平衡块;b.夹具;c.顶尖

4. 禁止将工具、夹具或工件放在车床床身上和(b)。
　　a.地上;b.主轴变速箱上;c.刀架上

5. 利用坐标装置和镗模加工,镗孔的精度可达到(b)。

a. IT3 ~ IT2；b. IT7 ~ IT6；c. IT10 ~ IT8

6. 用 90°左偏刀车端面，特点是轻快顺利切削，适合车削(c)。

　a. 有沟槽的端面；b. 有孔端面；c. 有台阶的端面

7. 对孔径小于 10 mm 的孔，在车床上一般采用(b)。

　a. 二次钻孔；b. 钻孔后直接铰孔；c. 直接铰孔

8. 普通车床加工的零件精度一般可达到(b)以下。

　a. IT8 ~ IT13；b. IT6 ~ IT11；c. IT3 ~ IT9

9. 单刃镗刀切削易引起振动，所以镗刀的主偏角应选得(c)。

　a. 不清楚；b. 小一些；c. 大一些

10. 车刀伸出的长度一般为刀杆高度的(b)。

　a. 1 倍；b. 2 倍；c. 4 倍

(五)多项选择题　（选择正确答案少于 3 个不得分，每题 3 分，共 15 分）

1. 车削过程中工件表面不断变化部分有(c,d,e)。

　a. 整个工件表面；b. 端面；c. 过渡表面；d. 待加工表面；e. 已加工表面

2. 镗削加工的工艺范围很宽，它可以(a,b,c,d)等。

　a. 镗削孔系；b. 锪平面；c. 镗平面；d. 镗端面；e. 镗圆外平面

3. 生产中常用的车刀的类型有(a,b,c,d)等。

　a. 切断刀；b. 内孔车刀；c. 外圆车刀；d. 螺纹车刀；e. 平键槽车刀

4. 刀具刀头材料应具备(a,b,c,d,e)等。

　a. 硬度；b. 耐磨性；c. 强度；d. 韧性；e. 热硬性

5. 车刀刀头上主要的角度有(a,b,c,d)。

　a. 前角；b. 后角；c. 主偏角；d. 副偏角；e. 侧偏角

(六)简答题　（每题 5 分，共 25 分）

1. 请在表 5.1 中按序号填写 CA6140 型普通车床各部件的名称。

表 5.1　CA6140 型普通车床的组成

CA6140 型普通车床组成	序号	部件名称	序号	部件名称
	1	床脚	7	床身
	2	溜板箱	8	尾座
	3	操纵杆	9	刀架
	4	光杆	10	主轴箱
	5	丝杆	11	交换齿轮箱
	6	床脚	12	进给箱

2. 请在表 5.2 中按序号填写卧式坐标镗床各部件的名称。

表 5.2　卧式坐标镗床组成

卧式坐标镗床组成	序号	部件名称
	1	床身
	2	主轴箱
	3	立柱
	4	主轴
	5	回转工作台
	6	上滑座
	7	下滑座

3. 请在表 5.3 中按序号填写车刀各部位的名称。

表 5.3　车刀各部位名称

车刀组成	序号	名称	序号	名称
	1	刀体	5	副后面
	2	前面	6	主后面
	3	刀头	7	刀尖
	4	副切削刃	8	主切削刃

4. 在表 5.4 中的工序名称内填写相应车床加工的名称。

表 5.4　车床加工

图形	工序名称	图形	工序名称	图形	工序名称
	车端面		车内槽		滚花

续表 5.4

图形	工序名称	图形	工序名称	图形	工序名称
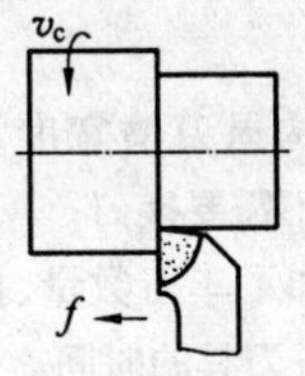	车外圆	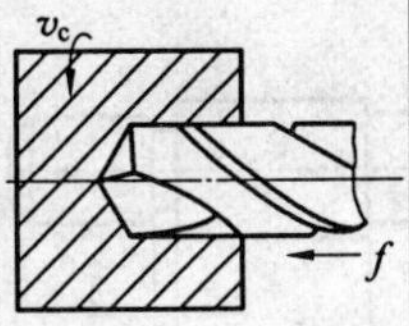	钻孔	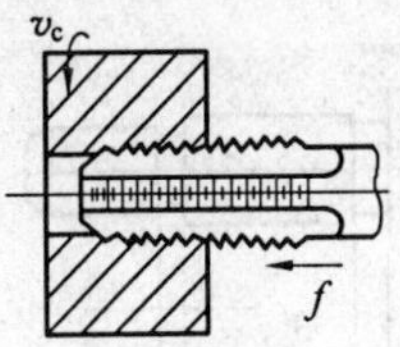	攻螺纹
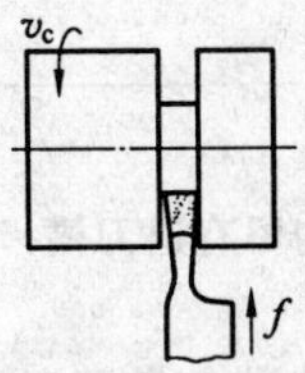	车槽、车断	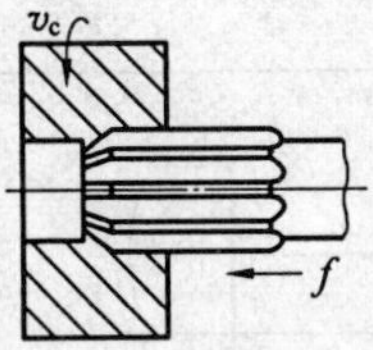	铰孔	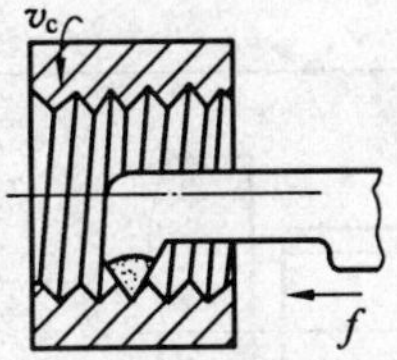	车内螺纹
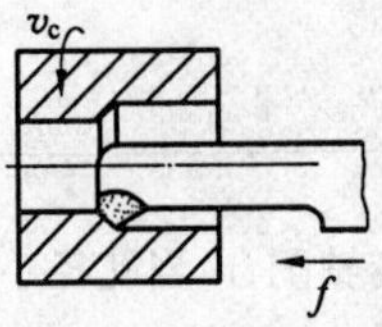	车孔	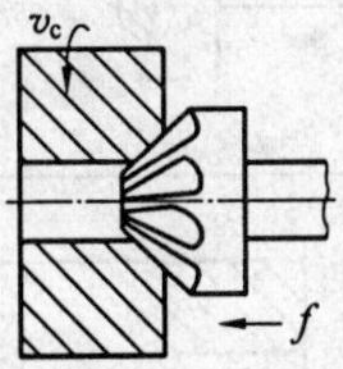	锪锥孔	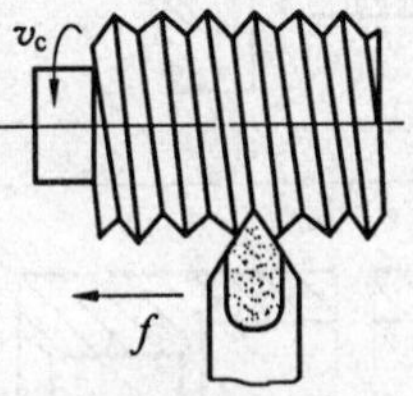	车外螺纹

5. 对比表 5.5 中 A 图和 B 图车削加工工件结构的工艺性。

表 5.5 车削工件结构

A 图	B 图	从结构的刚性分析
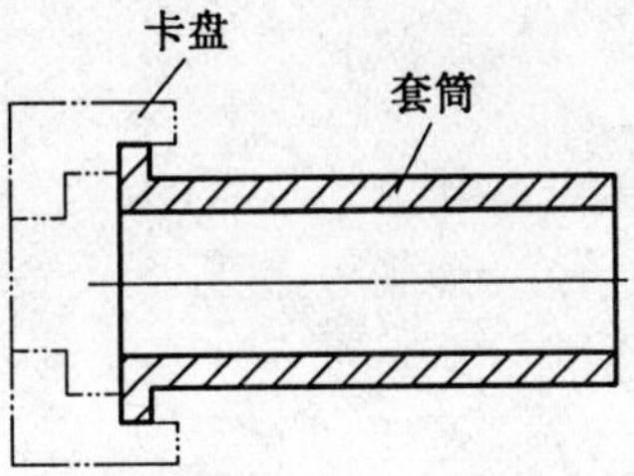	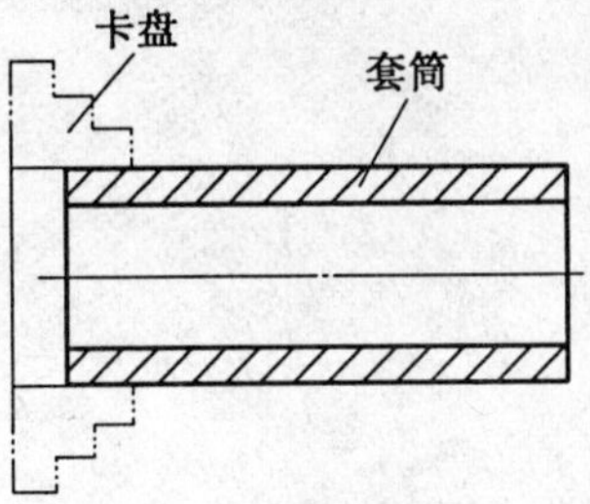	A 图中套筒左端设计有法兰,端面得到了加强,夹紧不易变形; B 图易变形
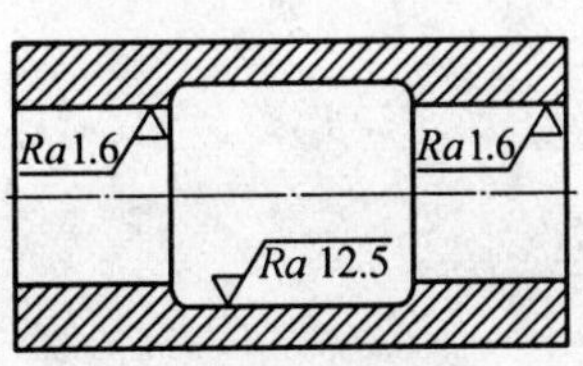	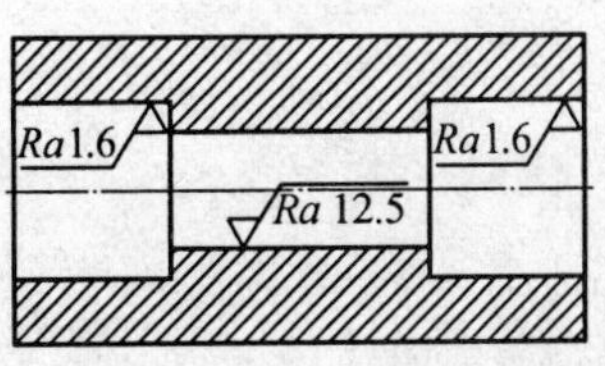	A 图工件结构中间孔的直径大于两端孔,车削只需装夹一次,由此,既可提高工件的精度和减少安装误差,又可节省辅助时间; B 图工件结构需要两次装夹

续表5.5

A 图	B 图	从结构的刚性分析
		A 图工件结构退刀槽宽度均为3,车削时不需要换刀; B 图结构增加了车刀数量、换刀次数和准备刀具的时间
		A 图工件结构留有退刀槽,车削螺纹方便; B 图车削螺纹困难,甚至车削也困难
		工件内孔与轴配合,当孔径小长度较大时; A 图结构可以减少加工表面积; B 图结构加工表面积大

第6章 铣刨加工实训指导

一、铣刨加工实训的目的

"铣刨加工实训"是工程实践训练中一项重要的内容,通过"铣刨加工实训"可以掌握刨削和铣削加工各种方法、设备、刀具类型,加工的基本操作技能以及基本的加工工艺。

"铣刨加工实训"是理论与实践联系较强的综合技能培养的环节之一。学生在学习或正在学习铣刨加工的基础上,在教师的指导下通过观察和实践手工操作刨床、铣床、插床,拆卸机床了解其传动系统,观察其结构,宏观检验刨床、铣床、插床加工的工件表面的质量,感悟和获得各类刀、加工工艺、各种刨铣加工方法对工件质量的影响,由此,掌握其基本刨铣工艺理论、基本工艺、基本工艺方法,以达到工程实践综合训练的目的。

二、铣刨加工实训重点掌握的内容

1. 了解各种刨铣床生产工艺过程、特点及应用。

2. 熟悉刨削刀具和铣削刀具结构组成,刨削工艺和铣削工艺,刨削刀具和铣削刀具的选择。

3. 掌握各类刨削和铣削工艺的特点、铣刀和工件的安装、定义及应用。

4. 掌握平口钳、回转工作台、万能铣头、分度头安装与使用。

5. 独立完成1~2件简单刨削平面、铣削沟槽、斜面或齿轮等的操作过程。

6. 了解刨削和铣削缺陷产生原因、种类、防治措施以及刨削和铣削安全知识。

7. 了解各类刨削和铣削的特点及应用。

三、铣刨加工实训的主要任务

(一)名词解释 (每题2分,共10分)

1. 刨削进给量。

答 刨刀(或工件)每往复一次后,工件(或刨刀)所移动的距离。

2. 刨削加工。

答 用刨刀对工件作水平往复直线运动的切削加工方法。

3. 铣削加工。

答　在铣床上利用铣刀对工件进行切削加工的方法。

4. 卧式铣床。

答　铣床的主轴水平放置,并与其工作台面平行。

5. 成形面。

答　工件的某一表面在截面上的轮廓线由曲线或直线组成的。

(二)判断题　(每题 1 分,共 10 分,正确在括号中打√错打×)

1. 成形铣齿法每号铣刀的刀齿轮廓只与该号数范围内的最小齿数槽的理论轮廓相一致。　　　　　　　　　　　　　　　　　　　　　　　　　(√)

2. 插齿加工的过程相当于两对以上的齿轮啮合对滚。　　　　　　　(×)

3. 圆柱铣刀主要是利用圆柱表面的刀刃铣平面。　　　　　　　　　(√)

4. 顺铣铣刀的方向和工件的进给方向相同。　　　　　　　　　　　(√)

5. 立铣中参与切削的刀齿多、阻力大、切削就不平稳。　　　　　　　(×)

6. 大批量立式铣削工件圆弧曲面,可采用靠模法。　　　　　　　　　(√)

7. 人字形齿轮在立铣床上加工。　　　　　　　　　　　　　　　　　(√)

8. 直径较小的立铣刀都是锥柄。　　　　　　　　　　　　　　　　　(×)

9. 直径较大的立铣刀做成锥柄,保证轴孔配合,提高定心性能。　　　(√)

10. 平面刨刀可以用来刨削燕尾槽。　　　　　　　　　　　　　　　　(×)

(三)填空题　(每空 2 分,共 20 分)

1. 立式铣床端铣刀的主切削刃担负着主要的(切削),而副切削刃具有(修光)的作用。

2. 为保护刀刃和加工表面,刨刀往往做成(弯头)的。

3. 在装卸刨刀时,一只手(扶住刨刀),另一只手(由上而下或倾斜向下用力扳转螺钉),将刀具压紧或松开。

4. 逆铣是指铣刀的旋转方向和工件的进给方向(相反)。

5. 弯头刀用来刨削(T 形槽)和侧面割槽。

6. 刨削零件时,操作者应站在机床的(两侧)。

7. 刨削运动分为(主运动)和(进给运动)。

(四)单项选择题　(每空 2 分,共 20 分)

1. 为克服刨刀冲击力,刨刀横截面比车刀大(b)。

　　a. 0. 5~1;b. 1. 25~1. 5 倍;c. 2~3 倍

2. 为减小带孔铣刀的径向跳动,铣刀尽可能地(c)主轴。

　　a. 分开;b. 远离;c. 靠近

3. 铣刀柄与主轴孔锥度不同时,需利用(a)将铣刀装入主轴锥孔中将铣刀拉紧。

　　a. 中间套筒;b. 螺纹;c. 销钉

4. 铣削工件的圆弧曲面时,工件应安装在(b)。

　　a. 工作台上;b. 转盘的中心;c. 转盘的一侧

5. 牛头刨床刨刀前进是(b)。

　　a. 往复运动;b. 工作行程;c. 空行程

6. 敞开式键槽多在(c)铣床上用三面刃铣刀加工。

　　a. 立卧联合式;b. 立式;c. 卧式

7. 在轴上铣封闭式键槽,一般用(b)铣刀。

　　a. 燕尾槽;b. 键槽;c. T 形槽

8. 为减少带孔铣刀的端面跳动,套筒的端面与铣刀的端面必须(a)。

　　a. 干净;b. 加润滑油;c. 拧紧

9. X6132 万能铣床,其中(b)表示卧式铣床。

　　a. 1;b. 6;c. 32

10. 刨刀的前角比车刀前角一般小(c)。

　　a. 5° ~ 10°;b. 10° ~ 15°;c. 1° ~ 5°

(五)多项选择题　(选择正确答案少于 3 个不得分,每题 3 分,共 15 分)

1. 铣削 V 形槽包括 V 形中间的窄槽和 V 形面,常用铣削方法有(a,b,c,e)。

　　a. 用双角度铣刀铣;b. 用单角度铣刀铣;c. 用立铣刀,扳转立铣头铣;

　　d. 用卧铣刀铣;e. 转动工件用三面刃铣刀(立铣、端铣)铣

2. 刨床类机床主要有(a,b,c)。

　　a. 立式刨床;b. 牛头刨床;c. 龙门刨床;d. 插床;e. T 形刨床

3. 立式铣刀主要用于加工(a,b,c)等。

　　a. 沟槽;b. 小平面;c. 台阶面;d. 圆锥面;e. 椭圆面

4. 铣削用量三要素是指(a,c,d)。

　　a. 铣削速度;b. 铣铣削时间;c. 进给量;

　　d. 铣削深度(和铣削宽度);e. 背吃刀量

5. 卧铣铣削工件斜面的常用方法(b,c,d)。

　　a. 利用斜面工作台;b. 工件转成所需角度;

　　c. 铣刀转成所需角度;d. 用角度铣刀;e. 先用刨床刨斜面

(六)简答题 (每题5分,共25分)

1.看图请在表6.1中按序号填写X6132万能卧式升降台铣床各部件的名称。

表6.1　X6132万能卧式升降台铣床组成

X6132万能卧式升降台铣床组成	序号	部件名称
	1	底座
	2	升降台
	3	横向工作台
	4	转台
	5	纵向工作台
	6	吊架
	7	横梁
	8	刀杆
	9	主轴
	10	主轴变速机构
	11	电动机
	12	床身

2.看图请在表6.2中按序号填写牛头刨床各部件的名称。

表6.2　牛头刨床

牛头刨床组成	序号	部件名称
	1	底座
	2	横梁
	3	进给机构
	4	变速机构
	5	床身
	6	滑枕
	7	刀架
	8	工作台

3. 看图请在表 6.3 中填写刨削加工名称。

表 6.3　刨削加工

加工图示	加工名称	加工图示	加工名称
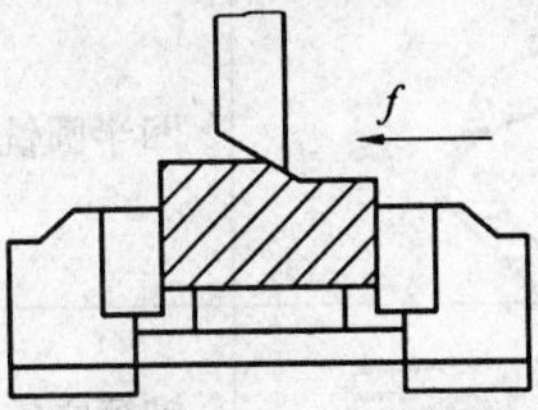	刨平面	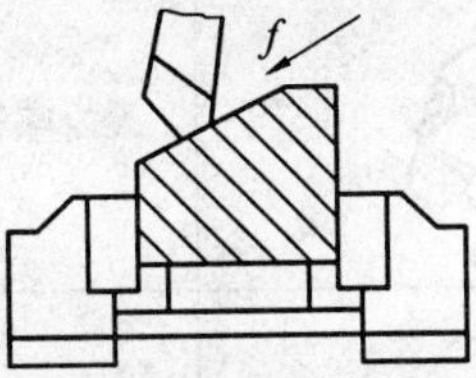	刨斜面
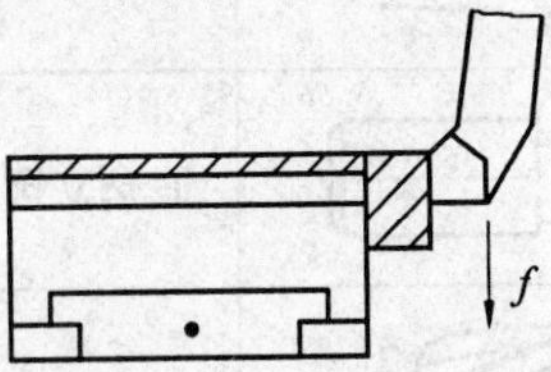	刨垂直面	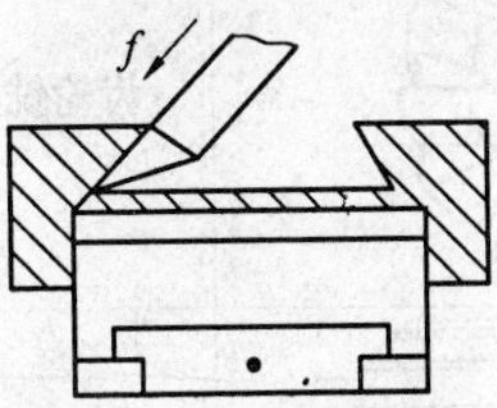	刨燕尾槽
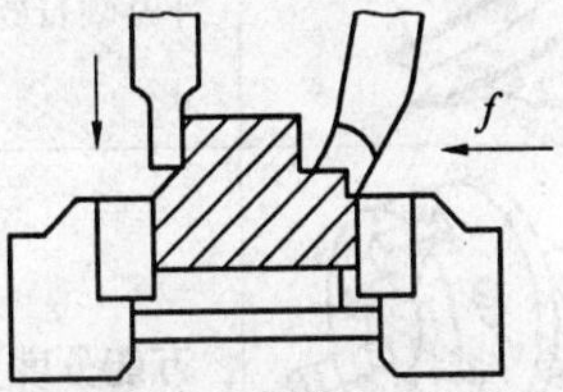	刨台阶	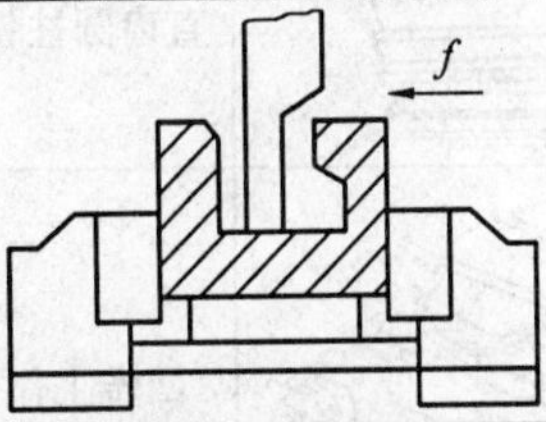	刨 T 形槽
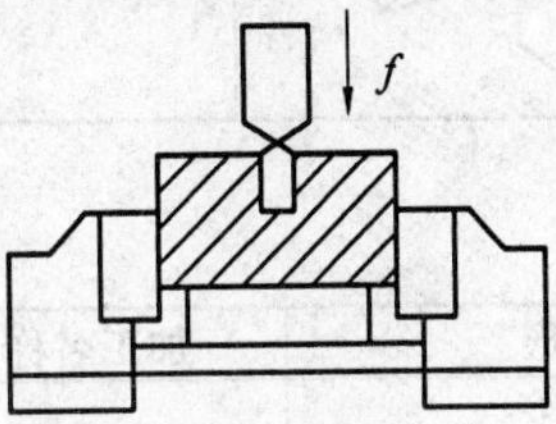	刨直角沟槽	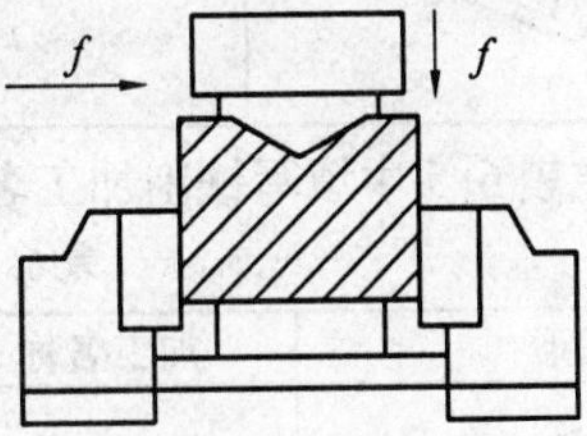	刨 V 形槽
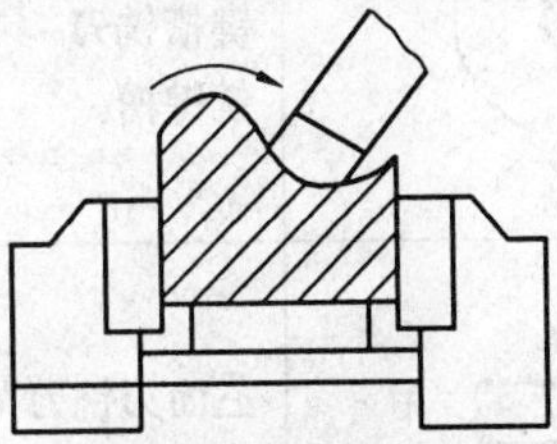	刨曲面	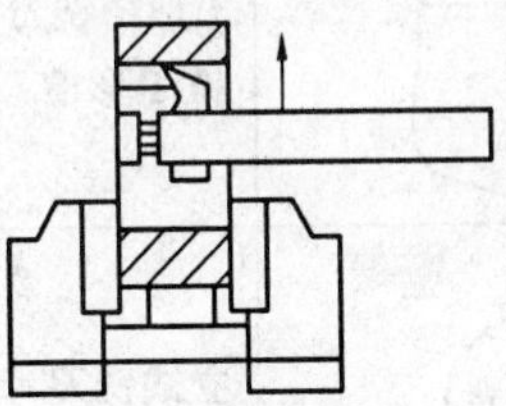	刨孔内键槽
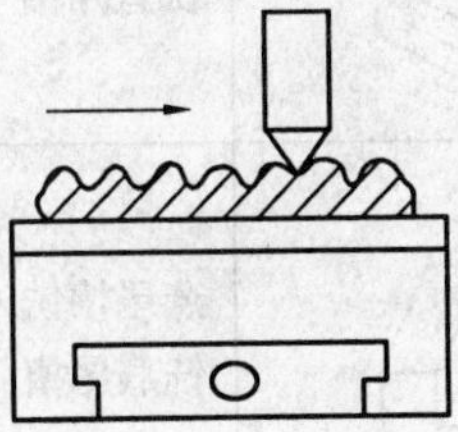	刨齿条	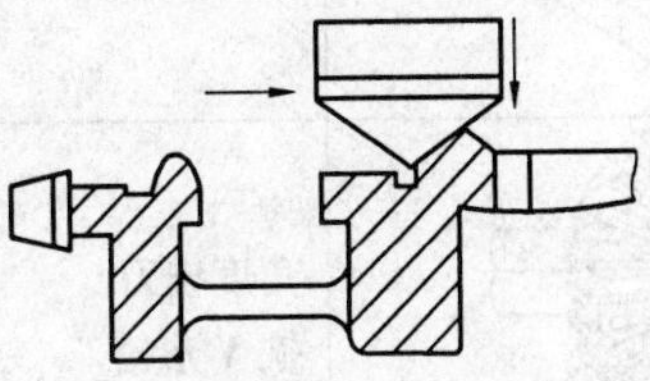	刨复合表面

4. 看图请在表 6.4 中填写铣刀和铣床常用附件的名称。

表 6.4　铣刀和附件

铣刀图形	铣刀名称	铣刀图形	铣刀名称
	镶齿端铣刀		凹半圆铣刀
	齿轮铣刀		锥柄立铣刀
			直柄立铣刀
	直齿圆柱铣刀		斜齿圆柱铣刀
	回转工作台		万能分度头

5. 看图请在表 6.5 中填写铣削加工名称。

表 6.5　铣削加工

加工图形	加工名称	加工图形	加工名称
	T 形槽铣刀 铣 T 形槽		键槽铣刀 铣键槽
	立式铣刀 铣圆弧槽		三面刃铣刀 铣直角槽
	角度铣刀 铣 V 形槽		燕尾槽铣刀 铣燕尾槽

第 7 章　磨削加工实训指导

一、磨削加工实训的目的

"磨削加工实训"是工程实践训练中一项重要的内容,通过"磨削加工实训"可以掌握各种磨削方法、磨削设备、磨削砂轮和磨削的基本操作技能以及基本磨削工艺。

"磨削加工实训"是理论与实践联系较强的综合技能培养的环节之一。学生在学习或正在学习磨削加工的基础上,在教师的指导下通过观察和实践手工操作砂轮的选择、砂轮的整修、砂轮的安装、工件的平面磨、工件的外圆磨、工件的内圆磨,宏观检验工件表面的磨削质量,感悟和获得不同砂轮磨粒、粒度、磨削中切削液、工件的装夹对工件质量的影响,由此,掌握其基本磨削工艺理论、基本磨削工艺、基本磨削工艺方法,以达到工程实践综合训练的目的。

二、磨削加工实训重点掌握的内容

1. 了解磨削生产工艺过程、特点及应用。
2. 熟悉磨床的组成、各部位的名称和作用。
3. 掌握平面磨削砂轮的选择、安装、工件的装夹,定义和名词解释。
4. 独立完成 1～2 件简单工件的平面磨削、外圆磨削或内圆磨削和工件的装夹具的选择以及根据不同工件材料选择磨粒、磨削加工和观察磨削工件表面的粗糙度。
5. 了解一种平面磨床液压传动的基本原理、液压传动系统的结构以及磨削加工的安全知识。
6. 了解无心磨的加工工艺、特点及应用。

三、磨削加工实训的主要任务

(一)名词解释　(每题 2 分,共 10 分)

1. 光整磨削。
答　使工件获得粗糙度 Ra 值为 $0.16\ \mu m$ 以下的磨削,称为光整磨削。
2. 砂轮的硬度。
答　砂轮上的磨粒在外力作用下脱落的难易程度,称为砂轮的硬度。
3. 横磨法。
答　在外圆磨床上磨外圆时,砂轮作横向进给,直到磨去全部余量,而工件不做纵向进给称为横磨法。

4. 圆周进给速度。

答　磨削工件外圆处的线速度称为圆周进给速度。

5. 磨削加工。

答　在磨床上用砂轮对工件表面进行切削加工的方法称为磨削加工。

（二）判断题　（每空 1 分,共 10 分,对题在括号中打√错打×)

1. 周磨法的排屑和冷却条件好,但生产率低,适用于精磨。　　　　　　（　√　）

2. 工件正反两个平行平面都需磨削,只能以一个平面为基准。　　　　　（　×　）

3. 砂轮平衡是指砂轮的重心与其旋转轴重合。　　　　　　　　　　　（　√　）

4. 为防止砂轮与主轴磨削时作相对运动,固定砂轮时愈紧愈好。　　　　（　×　）

5. 砂轮的组织号数是以磨料所占重量来确定的。　　　　　　　　　　（　×　）

6. 砂轮外圆的线速度就是磨削速度。　　　　　　　　　　　　　　　（　√　）

7. 圆锥磨削转动头架法,只适用于锥度较大、锥面较短的工件。　　　　（　√　）

8. 碳钢和铸铁不仅可以磨削,而且高硬材料也可进行磨削加工。　　　　（　√　）

9. 磨粒的大小用粒度表示,粒度号数越大,颗粒越大。　　　　　　　　（　×　）

10. 端磨法生产率高,磨削精度低,适用于粗磨。　　　　　　　　　　（　√　）

（三）填空题　（每空 2 分,共 20 分）

1. 工厂常用（陶瓷）黏合剂,将磨粒黏结成各种形状和尺寸的砂轮。

2. 工件磨削加工中加切削液是为了降低（砂轮摩擦和散热）,降低（切削温度）,（冲走屑末）。

3. 说明磨床编排号的含义,如 M2120,其中 M 表示（磨床代号）,21 表示（内圆磨床）,20 表示（磨削最大孔径的 1/10,即磨削最大孔径 200 mm）。

4. 砂轮组织号有 0,1,2,…,14,号数越小,组织（越精密）。

5. 磨床上使用的顶尖（不随工件转动）,这样可以提高定位精度。

6. 薄壁套筒零件磨外圆时,常采用（心轴装夹）。

（四）单项选择题　（每空 2 分,共 20 分）

1. 砂轮的（c）是影响磨削生产率和工件表面粗糙度的重要因素。

　　a. 空隙;b. 硬度;c. 粒度

2. 磨内圆时,一般以（c）和端面作为定位基准。

　　a. 工件的内圆;b. 以主轴的中心;c. 工件的外圆

3. 镜面磨削工件表面的粗糙度可达（a）。

　　a. Ra 0.01 μm;b. Ra 0.1 μm;c. Ra 0.001 μm

4. 磨非回转体工件上孔的内圆时,以用（b）通过找正装夹工件用得最多。

　　a. 电子吸盘;b. 四爪卡盘;c. 三爪卡盘

5. 端磨法磨平面效率高,磨削精度较低,适用于工件的(b)。

　　a. 精磨;b. 粗磨;c. 试磨

6. 平面磨床主要采用(c)装夹工件。

　　a. 三爪自定心卡盘;b. 虎钳;c. 电子吸盘

7. 磨削轴类外圆时,磨床磨削需要(b)运动。

　　a. 三种;b. 四种;c. 两种

8. 工件表面经磨削属于(a)。

　　a. 精加工;b. 粗加工;c. 半精加工

9. 磨粒有刚玉类和碳化硅,其中刚玉类适合于磨削(c)。

　　a. 不锈钢;b. 铸铁和青铜;c. 钢料和刀具

10. 磨平面时,周磨法的砂轮与工件的接触面积小,排屑和冷却条件好,工件(b)。

　　a. 发热变形大;b. 发热变形小;c. 变形大

(五) 多项选择题 （选择正确答案少于 3 个不得分,每题 3 分,共 15 分）

1. 磨削运动中进给运动分为(b,c,e)三项。

　　a. 工作台往复运动;b. 工件运动;c. 轴向进给运动;

　　d. 工作台运动;e. 径向进给运动

2. 磨削使用的砂轮由(a,b,e)构成砂轮的 3 要素。

　　a. 磨粒;b. 黏合剂;c. 金刚石;d. 黏土;e. 空隙

3. 内圆磨床主要用于磨削(b,c,d)等。

　　a. 外表面;b. 内圆柱面;c. 内圆锥面;d. 端面;e. 内退刀槽

4. 最常见的有(a,c,e)三种。

　　a. 平面磨削;b. 螺纹磨削;c. 外圆磨削;d. 花键磨削;e. 内圆磨削

5. 磨削外圆柱面时,常用的安装方法有(b,c,d)。

　　a. 用虎钳夹紧;b. 用两顶尖把工件支撑起来;c. 卡盘装卡;

　　d. 心轴装卡;e. 用 4 角卡盘

(六) 简答题 （每题 5 分,共 25 分）

1. 观察表 7.1 中图,按序号填写 M7120A 型平面磨床各部件的名称。

表 7.1　M7120A 型平面磨床组成

M7120A 型平面磨床组成	序号	部件名称
	1	驱动工作台手轮
	2	床身
	3	径向进给手轮
	4	工作台
	5	行程挡块
	6	立柱
	7	砂轮修整器
	8	照明灯
	9	轴向进给手轮
	10	滑板
	11	磨头

2. 观察表 7.2 中图,按序号填写平面磨床工作台液压传动各部件名称。

表 7.2　平面磨床工作台液压传动组成

平面磨床工作台液压传动简图	序号	部件名称
	1	油箱
	2	油泵
	3	电机
	4	节流阀
	5	换向油阀
	6	油缸
	7	换向挡块
	8	工作台
	9	工件
	10	砂轮
	11	操作手柄
	12	溢流阀

3. 观察表 7.3 中的图,填写砂轮的名称和用途。

表 7.3　砂轮名称、代号及用途

序号	简图	砂轮名称	代号	用途
1		平形砂轮	P	用于磨外圆、内圆、平面、螺纹及无心磨等
2		双面凹砂轮	PSA	主要用于外圆磨削和刃磨刀具;无心磨砂轮和导轮
3		薄片砂轮	PB	主要用于切断和开槽等
4		筒形砂轮	N	用于立轴端面磨
5		双斜边形砂轮	PSX	用于磨削齿轮和螺纹
6		杯形砂轮	B	用于磨平面、内圆及刃磨刀具
7		碗形砂轮	BW	用于导轨磨及刃磨刀具
8		蝶形砂轮	D	用于磨铣刀、铰刀、拉刀等,大尺寸的用于磨齿轮端面

4. 观察表 7.4 中图,填写砂轮的磨削名称。

表 7.4　砂轮磨削示意图

工作简图	磨削名称	工作简图	磨削名称
	磨外圆		磨齿轮
	磨内圆		磨螺纹

续表 7.4

工作简图	磨削名称	工作简图	磨削名称
	磨平面		无心磨 磨外圆

5. 根据表 7.5 中简图及要求,选择磨床、砂轮和装夹方法。

表 7.5　磨削工件工艺选择

磨削要求	磨削工件简图	材料	磨床名称	砂轮选择	装夹方法
磨内孔	Ra 0.4	40 钢	内圆磨床	陶瓷结合剂的平形砂轮	三爪自定心卡盘
磨外圆	Ra 0.4	40 钢	外圆磨床	陶瓷结合剂的平形砂轮	三爪自定心卡盘
磨平面	Ra 0.8	40 钢	平面磨床	陶瓷结合剂的平形砂轮	电子吸盘

第8章　钳工实训指导

一、钳工实训的目的

"钳工实训"是工程实践训练中重要的内容,通过"钳工实训"可以掌握在产品制造中钳工制造的基本技能。

"钳工实训"是实践性较强的综合技能培养的环节之一。学生在学习或正在学习金属工艺学的基础上,在教师的指导下通过独立实践操作,制作 1~2 个产品或零件,感悟和获得钳工基本工艺理论、基本工艺路线、基本工艺方法,以达到工程实践综合训练的目的。

二、钳工实训重点掌握的内容

1. 了解钳工工艺过程、使用的工具及应用。

2. 了解划线工具的选用、维护及使用范围。

3. 掌握划线的步骤、方法、要领、技巧,正确选择划线基准,并能划出简单零件和立体图形的平面图。

4. 掌握钳工安全操作技术。

5. 掌握锉削、锯削、刮研工具的结构、种类、规格及用途。

6. 掌握锉削、锯削、刮研、钻孔、扩孔、攻丝、铰孔、锪孔操作的要令。

7. 熟悉划线工具的结构、种类、规格。

8. 独立完成 1~2 件钳工件的制作。

9. 了解常用夹具的结构、种类、用途及在装配中的作用。

三、钳工实训的主要任务

(一)名词解释　(每题 2 分,共 10 分)

1. 钳工。

答　钳工是指通过工人手持工具,完成零件的加工、装配和修理等工作。

2. 划线。

答　划线是指在原材料或半成品上按要求的尺寸划出加工界线的操作。

3. 装配。

答　根据图样要求,将零件按装配工艺规程进行组装,并通过调整和实验成为合格产品的操作。

4. 钻孔。

答　钻孔是指通过钻床用钻头在工件上加工出孔的操作。

5. 锉削。

答　锉削是指利用锉刀,按照零件表面划线的形状和尺寸进行加工的操作。

(二)判断题　(每空 1 分,共 10 分,正确在括号中打√错打×)

1. 锉刀有平锉、圆锉、三角锉、方锉。　　　　　　　　　　　　　　　　(√)
2. 锯条是根据被锯工件的材质和厚度进行选择。　　　　　　　　　　　(√)
3. 钻床上只能进行钻孔。　　　　　　　　　　　　　　　　　　　　　(×)
4. 用丝锥加工内螺纹的方法称为攻丝。　　　　　　　　　　　　　　　(√)
5. 当轴承与轴颈或座孔的配合过盈较大时,可采用压入法。　　　　　　(×)
6. 厚工件应选择细齿、薄工件选用粗齿锯条。　　　　　　　　　　　　(×)
7. 用虎钳夹持工件时,光洁面应垫铜皮加以保护。　　　　　　　　　　(√)
8. V 型架可以使圆柱形工件的轴线与平板平行。　　　　　　　　　　　(√)
9. 钻孔的切削速度是指钻头主切削刃上的最大线速度。　　　　　　　　(√)
10. 用刮刀只能在工件上刮削平面。　　　　　　　　　　　　　　　　　(×)

(三)填空题　(每空 2 分,共 20 分)

1. 铰孔是用铰刀对孔进行最后的(精加工)。
2. 麻花钻的前端为(切削部分),螺旋槽向外(排屑)。
3. 锉刀应根据金属的(软、硬)进行选择。
4. 手锯由(锯弓)和(锯条)两部分组成。
5. 锯条安装在锯弓上,锯齿应(向前)。
6. 手锤的规格用(重量)来表示。
7. 手锯切削速度不宜过快,每分钟(30~60)次。
8. 装配复杂的产品时,将装配分为部件装配和(总装配)。

(四)单项选择题　(每空 2 分,共 10 分)

1. 手锯工件时,身体向前倾与虎钳中心约呈(a)。

a. 15°;b. 90°;c. 65°

2. 攻普通螺纹前钻底孔直径可参照(c)计算。

a. $d_0=d-n$;b. $d_0=d-p$;c. $d_0=d-np$

3. 钻孔应选用(b)。

a. 铰刀;b. 麻花钻;c. 扩孔钻

4. 锯削扁钢、型钢时,分别从(c)的两端开锯,可使锯缝浅、锯缝整齐、较少卡锯条现象。

a. 宽窄交替;b. 窄面;c. 宽面

5. 手锯锯条是由(c.)制成。

a.合金工具钢;b.铸铁;c.碳素工具钢

(五)多项选择题　(每空 2 分,其中每空中选错一个不得分,共 20 分)

1.划线基准有(a,c,d)为基准。

　　a.以孔的中心;b.毛坯面;c 零件图上的尺寸;d.以加工过的平面

2.常用划线工具有(a,b,c,d,e)等。

　　a.划线平板;b 划针和划线盘;c.划规;d.V 型铁;e.方箱;f.钻头

3.锉刀粗细是以每 10 mm 长锉面上的锉齿齿数来划分,粗锉刀、细锉刀和光锉刀齿数分别为(a,c,e)。

　　a.4～12 齿;b.12～26 齿;c.13～24 齿;d.16～42 齿;e.30～40 齿

4.钻床上可以完成(a,b,c,d,e,f)等工作。

　　a.钻孔;b.扩孔;c.铰孔;d.攻丝;e.锪端面;f.锪孔

5.零件的装配有(a,b,c,d)等方法。

　　a.完全互换;b.选择装配;c.修配;d.调整;e.通用

6.常用手锤的重量有(a,d,e)kg。

　　a.0.25;b.20;c.40;d.0.5;e.1

7.钳工常用的钻床有(b,c,d)。

　　a.卧式钻床;b 台式钻床;c.立式钻床;d.摇臂钻床

8.平锉锉削平面有(a,b,d)顺序方法。

　　a.交叉锉法;b.顺向锉法;c.拉锉法;d.推锉法

9.钳工操作灵活,不使用专用工具,能加工出形状较复杂的零件,主要应用在(a,b,c,d,e)。

　　a.单件小批量加工前划线;b.装配前孔加工配作及修正;c.加工精密件,如铰孔、刮、锪;　d.成品的组装、调试、试车;e.设备的维修

10.操作砂轮机刃磨钻头操作顺序(a,b,c,d,e)。

　　a.检查砂轮转向是否正确;b.准备冷却水;c.系紧袖口脱掉手套;

　　d.站立在砂轮转向一侧;e.开动砂轮机刃磨钻头

(六)简答题　(共 30 分)

1.钳工基本的操作过程包括哪些工序? (每答对 1 个工序 0.5 分,共 6 分)

答　包括划线、锉削、錾削、锯削、钻孔、扩孔、锪孔、铰孔、攻螺纹、刮削、套螺纹、研磨、装配等。

2.试述工件划线的作用。(每答对 1 个小题得 2 分,共 8 分)

答　①确定工件上各加工面的位置和加工余量;

②检查毛坯的形状和尺寸是否符合图样,并满足加工要求;

③当坯料上出现某些缺陷可通过"借料"划线来达到一定的补救目的;

④可正确地排料,提高板料的利用率等。

3.装配工艺过程主要由哪四部分组成,并说明其工作内容?

（其中每题1分,共6分）

答　（1）装配前的准备工作　（每小题得1分,共3分）

①掌握装配图、工艺文件和技术要求,了解产品的结构组成、零部件在结构中的作用、相互关系以及连接方法;

②确定装配方法和程序,准备所需要的工具、量具、吊架和检测仪器;

③将装配所需要的零件备齐并清洗干净,按装配顺序整理摆放。

（2）装配工作

按照组件装配、部件装配、总装配的次序依次进行装配。

（3）调整和试验

装配完成后,按技术要求,逐项进行调整工作,精度检查,并进行试车。

（4）装配后整理和修饰

清洗表面、装钉铭牌、装箱、入库、出厂等。

4.计算在20钢上攻M10普通螺纹的底孔直径,螺距为1.5 mm。（4分）

答　20钢的系数 $n=1$;

按照公式 $d_0 = d - np = 10 - 1 \times 1.5 = 8.5$ (mm)

5.根据表8.1中工件图形锉削的要求选择锉刀。（每空0.5分,共3分）

表8.1　工件锉削图形

图形	锉削部位	锉刀选择	图形	锉削部位	锉刀选择
	内表面	半圆锉		燕尾槽	三角锉
	内表面	平锉、圆锉		整体	半圆锉、平锉
	内表面	圆锉、半圆锉、平锉		内方孔	方锉

6.根据表8.2中钻床完成的工作图形填写加工名称。(每空0.5分,共3分)

表8.2 钻床完成的工作

加工图形	加工名称	加工图形	加工名称
	铰孔		攻螺纹
	锪沉头孔		锪端面
	钻孔		扩孔

第9章 典型零件加工工艺分析实训指导

一、典型零件加工工艺分析实训的目的

"典型零件加工工艺分析实训"是工程实践训练中重要的内容,通过"典型零件加工工艺分析实训"可以了解,在机械制造过程中零件加工的定位、夹紧以及工艺路线安排、工艺尺寸确定等问题,从而掌握在制造过程中为确保零件的加工质量所采取的各种具体措施。

"典型零件加工工艺分析实训"是实践性较强的综合技能培养环节之一。学生在学习和正在学习专业基础课或专业课的同时,在教师的指导下,通过一个典型零件加工过程的工艺分析,了解零件加工的技术要求,夹具(或胎具)的结构,夹具中各零件的作用,了解所选择夹具应具有高效率、低成本、装夹简单、省时、省力又能保证加工质量,以及了解工装与夹具之间的关系等。

通过分析一个真实的零件,了解这个零件的整个加工过程所使用的工艺路线,所使用的机床、刀具、夹具、量具及各种工艺装备,使学生感悟基本工艺理论、基本工艺路线、基本工艺方法,以达到工程实践综合训练的目的。

二、典型零件加工工艺分析实训掌握的主要内容

1. 了解典型零件的机械加工工艺过程,以及确定机械加工工艺过程的原始依据。

2. 了解各工序的划分原则,探讨工序划分与零件的形状位置精度、表面粗糙度的关系,以及与各加工表面尺寸精度的关系。

3. 掌握零件的机械加工工艺与零件的材质以及与热处理要求之间的关系,明确零件加工过程中各种热处理工序的正确选择和在工艺路线中的合理位置。

4. 掌握六点定位原理,学会根据加工面的尺寸、形状和位置要求确定所需限制的自由度。

5. 学会选择定位方案的方法,学会利用定位原理分析是否有欠定位和过定位。若有过定位,学会分析是否允许。

6. 确定工件的加紧方式和设计加紧机构。

7. 独立完成一个较简单零件的机械加工工艺设计和这个零件的"重要工序"的夹具设计。

8. 选择该零件"重要工序"的加工所使用的机床、刀具、量具、辅具及切削用量。

9. 了解通用机床夹具的结构、种类、用途及在机械加工中的作用。

10. 学会机械加工工艺过程中各工序的"加工余量"的分配原则和分配方法。

三、典型零件加工工艺分析实训的主要任务

（一）名词解释　（每题 2 分，共 10 分）

1. 定位。

答：定位是指确定工件在机床上或夹具中占有正确位置的过程。

2. 夹紧。

答：夹紧是指工件在定位后将其固定，使其在加工过程中能承受重力、切削力等而保持定位位置不变的操作。

3. 欠定位。

答：在加工时根据被加工面的尺寸、形状和位置要求，应限制的自由度未被限制，即约束点不足，这样的情况称为欠定位。

4. 过定位。

答：工件在定位时，一个自由度同时被两个或两个以上的约束点所限制，称为过定位，或重复定位，也称之为定位干涉。

5. 完全定位和不完全定位。

答：工件加工时为保证加工面的尺寸和形位，6 个自由度均受到限制，称其为完全定位；6 个自由度不需都限制的，称为不完全定位。

(1) 完全定位是指限制了 6 个自由度。

(2) 不完全定位是指仅限制了 1～5 个自由度。

（二）判断题　（每空 1 分，共 10 分，正确在括号中打√错打×）

夹具的定位元件不同，所限制的自由度的数量是不一样的，请判断：

1. 定位元件为一个支撑钉，它可限制 3 个自由度。　　　　　　　　　　　　（×）
2. 定位元件为一块窄条形支撑板，它可限制 2 个自由度。　　　　　　　　　（√）
3. 定位元件为一个短圆柱销，它可限制 3 个自由度。　　　　　　　　　　　（×）
4. 定位元件为一个长圆柱销，它可限制 4 个自由度。　　　　　　　　　　　（√）
5. 定位元件为一个短菱形销，它可限制 2 个自由度。　　　　　　　　　　　（×）
6. 定位元件为一块短 V 形铁，它可限制 3 个自由度。　　　　　　　　　　　（×）
7. 定位元件为一块长 V 形铁，它可限制 4 个自由度。　　　　　　　　　　　（√）
8. 定位元件为一个长定位套，它可限制 4 个自由度。　　　　　　　　　　　（√）
9. 定位元件为一个长锥度心轴，它可限制 5 个自由度。　　　　　　　　　　（√）
10. 定位元件为一个短定位套，它可限制 3 个自由度。　　　　　　　　　　　（×）

（三）填空题　（每空 1 分，共 20 分）

1. 基准可分为两大类，一类称为（设计）基准，一类称为（工艺）基准。
2. 设计基准是指设计图样上确定标注尺寸的起始位置的（点）、（线）或（面）。

3. 工艺基准可分为(工序)基准、(定位)基准、(测量)基准和(装配)基准。

4. 零件在加工工艺过程中所用的基准称为(工艺)基准。

5. 在工序图上用来确定本工序所加工表面加工后的尺寸、形状和位置的基准,称为(工序)基准。

6. 在加工时用于工件定位的基准,称为(定位)基准。

7. 工件测量时所用的基准,称为(测量)基准。

8. 零件在装配时所用的基准,称为(装配)基准。

9. 定位基准是获得零件(尺寸)、(形状)和(位置)的直接基准,定位基准的选择是(加工工艺)中的难点。

10. 定位基准可分为(粗)基准和(精)基准。

(四)单项选择题 (每空2分,共10分)

1. 一个(或一组)工人在一个工作地点对一个(或同时对几个)工件连续完成的那一部分工艺过程,称为(a)。

　　a. 工序;b. 工步;c. 工位

2. 一个工序中需要对工件进行几次装夹,则每次装夹下完成的工序内容称为一个(c)。

　　a. 工步;b 工位;c. 安装

3. 在工件的一次安装中,通过分度(或位移)装置,使工件相对于机床床身变换加工位置,则把每一个加工位置上的内容称为(b)。

　　a. 工步;b. 工位;c. 工序

4. 加工表面、切削刀具、切削速度和进给量都不变的情况下所完成的工位内容,称为一个(c)。

　　a. 走刀;b. 工序;c. 工步

5. 切削刀具在加工表面上切削一次所完成的工步内容,称为一次(c)。

　　a. 工位;b. 工步;c. 走刀

(五)多项选择题 (每空2分,其中每空中选错一个不得分,共20分)

1. 机械加工工艺系统包括(a,c,d,e)。

　　a. 机床;b. 图纸;c 夹具;d. 工件;e. 刀具

2. 机械加工精度是指零件加工后的实际几何参数与理想几何参数的符合程度。其几何参数指的是(a,b,c,d)。

　　a. 尺寸;b. 形状;c. 相互位置;d. 表面粗糙度;e. 大小;f. 角度

3. 加工过程中影响机械加工精度的原始误差有(a,b,c,d,e,f)。

　　a. 工艺系统初始状态;b. 工艺系统受力变形 ;c. 工艺系统受热变形;

　　d. 刀具磨损;e. 测量误差;f. 工件残余应力引起的变形

4. 与工艺系统初始状态有关的原始误差有(a,b,c,d,e,f,g,h)。

　　a. 原理误差;b. 定位误差;c. 调整误差;d. 刀具误差;

　　e. 夹具误差;f. 机床主轴回转误差;g. 机床导轨导向误差;h. 机床传动误差

5. 加工表面质量包括(a,b)两个方面的内容。

　　a. 加工表面的几何形貌;b. 表层材料的力学、物理和化学性能;c. 表面粗糙度

6. 加工表面的几何形貌包括(a,b,c,d)。

　　a. 表面粗糙度;b. 波纹度;c. 表面缺陷;d. 纹理方向;e. 表层金属冷硬程度

7. 表面层材料的力学、物理和化学性能包括(a,b,c)。

　　a. 表层金属冷作硬化;b. 表层金属金相组织变化;

　　c. 表层金属残余应力;d. 表层金属疲劳程度

8. 设计机械加工工艺规程应遵循如下原则(a,b,c,d)。

　　a. 可靠地保证零件图样上所有技术要求的实现;b. 必须满足生产纲领的要求;

　　c. 尽量要求工艺成本最低;d. 尽量减轻工人的劳动强度,保障生产安全

9. 设计机械加工工艺规程的步骤有(a,b,c,d,e,f,g,h,i,j)。

　　a. 阅读装配图和零件图;b. 工艺审查;c. 熟悉或确定毛坯;

　　d. 拟定机械加工工艺路线;e. 确定满足各工序要求的工艺装备;

　　f. 确定各主要工序的技术要求;g. 确定各工序的加工余量、计算工序尺寸和公差;

　　h. 确定切削用量;i 确定时间定额;j. 填写工艺文件

10. 在选择粗基准时,一般应遵循(a,b,c,d)等原则。

　　a. 保证相互位置要求;b. 保证加工表面加工余量合理分配;

　　c. 便于工件装夹;d. 粗基准一般不得重复使用;e 统筹兼顾

(六)简答题　(共30分)

1. 在选择精基准时,一般应遵循哪些原则?　(6分)

答　基准重合原则、基准统一原则、互为基准原则、自为基准原则和便于装夹原则。

2. 在选择加工方法时,应当考虑哪些因素?　(8分)

答　应当考虑:

①零件表面情况(零件具有的平面、外圆、孔、还是复杂曲面);

②零件毛坯、材料情况,铸件、锻件、型材及其机械性能等;

③加工精度情况:尺寸精度、形状精度、相对位置精度和表面粗糙度等;

④生产效率要求,考虑生产纲领和批量要求;

⑤考虑本厂(或车间)现有工艺条件;

⑥考虑加工经济精度等因素来选择加工方法。

3. 工艺顺序的安排原则有哪些?(6分)

答　①先加工基准面,再加工其他表面的原则;

②先加工平面,后加工内孔的原则;

③先加工主要表面,后加工次要表面的原则;

④先安排粗加工工序,后安排精加工工序的原则。

4. 何为工序的集中与分散?(6分)

答　工序集中是使每个工序中包括尽可能多的工步内容,因而使总的工序数目减少,

夹具的数目和工件的安装次数也相应地减少。

工序分散是将工艺路线中的工步内容分散在更多的工序中去完成,因而每道工序的工步少,工艺路线长。

5. JB/Z 174—82 规定,定位、夹紧表面应以规定的符号标明。表9.1是几种常见的定位、夹紧符号,请在表中空栏里填入合适的图形。(4 分)

表9.1　定位、夹紧符号

分类 / 标注位置		独立		联动
		标在视图轮廓线上	标在视图正面上	用连线连接两符号即可
定位点	固定点			
	活动点			
机械加紧				
液压夹紧				
气动夹紧				
三爪自定心卡盘夹紧				
四爪单动卡盘夹紧				

注:i 为消除的自由度

将图中典型十字轴零件的加工工艺填入机械加工工艺过程卡片。

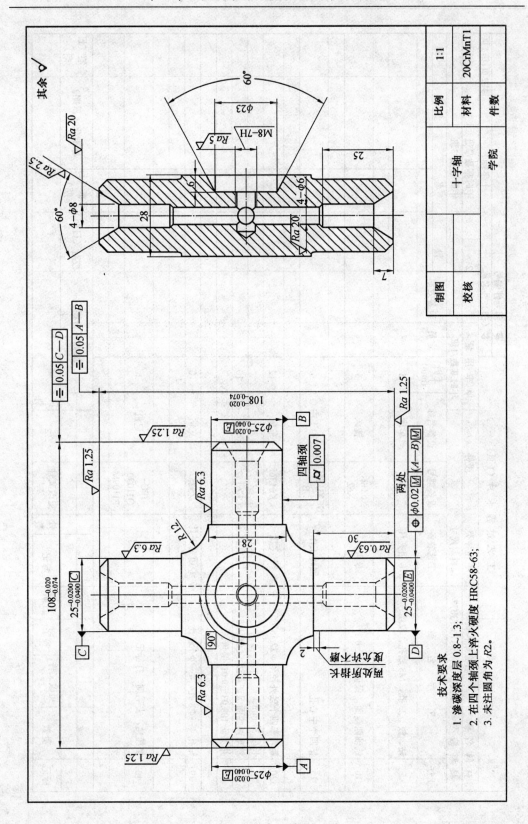

材料名称	合金结构钢	学院		工艺过程卡片(1页)		零(部)件图号			零(部)件名称	十字轴		共2页 第1页
材料编号	20CrMnTi-GB/T3077		毛坯种类		毛坯件		每毛坯件数/1件		每台件数	2		
				原材料尺寸			每台件数/1件					

工序号	工序名称	工艺装备	设备型号	设备名称	工时(min)	定员	设备效率	设备	备	负	荷
5	钻、铰φ23孔，M8底孔、攻丝	专用夹具	C620、CA6140	车床	5						
10	铣轴四端面，保证110±0.2	专用夹具	X6232、X62	铣床	5						
15	钻四个中心孔	回转工作台	NEXUS410B	立式加工中心	6						
20	粗精车四个轴外径至φ22.35$^{+0.05}_{0}$ 长度31 mm。	车夹具	CK6136i	车床	12						
25	精车两端面保证单边54.01+0.01，并保证108.03±0.01；倒角。	车夹具	CK6152	车床	10						
30	钻孔4-φ8孔，4-φ6通孔	专用钻夹具	Z525	立钻	10						
40	修棱角、去毛刺、打标记		IPC-Q11090 PI109M	标记机	1						

标记	处数	更改文件号	签字	日期	标记	处数	更改文件号	签字	日期	编制(日期)	校对(日期)	审核(日期)	标准化(日期)	会签(日期)

学院				工艺过程卡片（2页）		零(部)件编号		十字轴			共2页	第2页
						零(部)件名称						

工序	工序名称	工艺装备	设备型号	设备名称	工时(min)	设备效率	定员	设备	负	荷
45	热处理、渗碳、淬火、整形	热处理车间								
50	磨4轴外径至 $10^{-0.02}_{-0.04}$	磨削夹具	MKS 1620×500	磨床	16					
55	磨4轴断面至108图纸尺寸	磨削夹具								
60	锪60度锥孔	专用夹具	Z35	摇臂钻	2					
65	终检									
70	除油、除锈、喷涂外径									
75	清洗、防锈、包装									

					编制(日期)	校对(日期)	审核(日期)	标准化(日期)	会签(日期)

标记	处数	更改文件号	签字	日期	标记	处数	更改文件号	签字	日期

第 10 章　数控车工实训指导

一、数控车工实训的目的

"数控车工实训"是理论与实践相结合较强的综合技能培养环节之一,是以数控加工技术理论知识和数控设备硬件系统为基础,以数控车工国家职业技能鉴定的应知应会内容为依据,通过实际训练以期达到如下目标:

1. 通过"数控车工实训"提高职业素养能力,提高理论与实践相结合能力,提高在数控车加工中解决实际问题的能力。

2. 通过"数控车工实训"掌握数控车床的操作技能,包括零件的识图、数控加工方案的制定、刀具选择、程序编制、对刀、程序录入、校验修改、模拟仿真以及自动加工的全过程。

3. 通过"数控车工实训"掌握机械加工工艺技能和数控车加工工艺技能,能初步达到"高级数控车工"的水平。

二、数控车工实训重点掌握的内容

1. 牢记数控车床实训安全操作规程。重点做到安全文明生产实训,掌握数控车床的维护保养知识,做到正确使用、维护和保养数控车床。

2. 掌握数控车削基础知识。重点:零件图要读懂;零件材料性能要分析透彻;选好、选对切削刀具;制定适合的车削工艺;选择好所使用的夹具、量具和工具;选择好定位基准和装夹部位;进行必要的数值计算等。

3. 掌握数控车编程技术。重点:理解数控车床坐标系概念、机床原点、参考点的含义;弄懂 G 指令、M 指令、S 指令、T 指令和 F 指令的含义及书写格式;拟定合理的数控车加工路线;会用数控程序结构与格式编写程序;理解绝对编程与增量编程的概念;会建立机床坐标系;会建立工件坐标系等。

4. 掌握准备功能 G 指令的用法。重点:基本移动 G 指令;基本功能 G 指令;简单固定循环 G 指令和复合固定循环 G 指令的使用方法。

5. 掌握数控车床操作技术。重点:程序录入与编辑;试切对刀;设定刀尖圆弧半径补偿值和理想刀尖位置号;程序校验;自动加工;掌握用户宏程序的编辑及使用方法。

6. 掌握测量用具的原理及使用方法。重点:游标卡尺的使用;千分尺的使用;内径百分表的使用;万能角度尺的使用等。

7. 掌握各类车刀的使用和刃磨方法。重点:各种可转位车刀的选择与使用;各种焊接式车刀的选择、使用及刃磨;学会根据工件材料的不同而选择不同的刀具材料。学会根据工件的几何形状具体要求来刃磨车刀角度。

三、数控车工实训的主要任务

（一）名词解释　（每题 1 分，共 5 分）

1. 插补。

答　插补就是数控系统运用一定的算法，完成在轮廓起点和终点之间的中间点坐标值的计算，即数据点的密化工作。

2. 脉冲当量。

答　脉冲当量是指数控装置每发出一个脉冲信号，反映到机床移动部件上的移动量。

3. 模态指令。

答　模态指令又称为模态代码，是指在某一程序段中一旦指令之后，可以在以后的程序段中一直保持有效状态，直到撤销这些指令。

4. 刀位点。

答　刀位点是指车刀、镗刀的刀尖，钻头的钻尖，立铣刀、端面铣刀刀头底面的中心，球头铣刀的球头中心。

5. 对刀点。

答　对刀点是指用数控机床加工工件时，刀具相对于工件运动的起点。因为加工程序是从这一点开始编写的，因此对刀点也称为程序起点或起刀点。

（二）判断题　（每空 1 分，共 10 分，正确在括号中打√错打×）

1. 同组模态 G 代码可以放在一个程序段中，而且与顺序无关。　　　　　（　×　）

2. M 代码主要控制机床的主轴开、停，切削液的开关和工件的夹紧与松开等辅助动作。　　　　　　　　　　　　　　　　　　　　　　　　　　　（　√　）

3. 数控车床在按 F 速度进行圆弧插补时，其 X，Z 两个轴分别按 F 速度运行。（　×　）

4. 螺纹精加工过程中需要进行刀尖圆弧半径补偿。　　　　　　　　　　（　×　）

5. 刀补建立程序段内必须有位移移动指令才有效。　　　　　　　　　　（　√　）

6. 一个程序段内只允许有一个 M 指令。　　　　　　　　　　　　　　　（　√　）

7. 在刀尖圆弧半径补偿中，各种不同的刀尖有不同的刀位点。　　　　　（　√　）

8. 恒线速度控制的原理是车削工件的直径越大，工件转速越慢。　　　　（　√　）

9. 数控加工程序的输入输出必须在 MDI（手动数据输入）方式下完成。　（　×　）

10. 数控加工的编程方法主要分为手工编程和自动编程两大类。　　　　（　√　）

（三）填空题　（每空 1 分，共 10 分）

1. 数控机床工作时，当发生任何异常现象需要紧急处理时，应启动（紧急开关）。

2. 数控车床编程 X 方向的坐标值通常是以（直径）尺寸为准的。

3. 工件的一个或几个自由度被不同的定位元件重复限制的定位称为（过定位）。

4. 在切削速度、进给量和背吃刀量中影响刀具寿命的主要因素是(切削速度)。

5. 人造金刚石刀具不适合加工(铁族)材料。

6. 数控车床的位置精度主要指标有(定位精度和重复定位精度)。

7. 数控车床的试切对刀操作是在建立(工件坐标系)。

8. 数控车床的机械回零操作是在建立(机床坐标系)。

9. 车床数控系统中,(G96 S_)指令是恒线速度控制指令。

10. 数控车床开机后要进行零件的加工,应首先使刀具返回(机床参考点)。

(四)单项选择题　(每空 1 分,共 5 分)

1. 在下列指令中,具有非模态功能的指令是(a)。

　　a. G04;b. G00;c. G40

2. 若未考虑车刀刀尖圆弧半径的补偿值,会影响工件的(c)加工精度。

　　a. 圆柱面;b. 端面;c. 锥面及圆弧面

3. 下列代码中,与 M01 功能相同的是(b)。

　　a. M02;b. M00;c. M30

4. CNC 系统一般可用几种方式得到工件加工程序,其中 MDI 是(c)。

　　a. 利用 UBS 接口读入程序;b. 从 RS232C 接口接收程序;c. 用键盘手动输入程序

5. 在 G41 或 G42 指令程序段中可用以下(c)指令建立刀尖圆弧半径补偿。

　　a. G01 或 G02;b. G01 或 G03;c. G01 或 G00

(五)多项选择题　(每空 1 分,其中每空中选错一个不得分,共 10 分)

1. 下列指令中表示程序结束的指令有(a,d)。

　　a. M02;b. M01;c. M00;d. M30

2. 程序延时(暂停)指令 G04 的书写格式正确的有(a,b,d)。

　　a. G04 X_;b. G04 U_;c. G04 V_;d. G04 P_

3. 以下 G 指令中,同为一组的 G 指令有(a,b,c,d)。

　　a. G00;b. G01;c. G02;d. G03;e. G04

4. 在数控车床上可以完成的加工表面有(a,b,c,d,e)。

　　a. 圆柱面;b. 圆柱孔;c. 球面;d. 锥面;e. 端面

5. 在什么情况下,数控系统会失去对机床参考点的记忆(a,b,d)。

　　a. 停电;b. 急停;c. 换刀;d. 超程

6. 以下 G 指令中,不是螺纹切削指令的有(a,c,f)。

　　a. G50;b. G32;c. G90;d. G92;e. G76;f. G73

7. 以下 G 指令中,模态 G 指令有(b,c,d)。

　　a. G04;b. G40;c. G98;d. G97

8. 数控车床遇有不正常的情况需要机床紧急停止时,可采用(a,b,c)。

　　a. 按下紧急停止按钮;b. 按下复位键;c. 按下电源断开键

9. 数控车削加工中,其工艺系统包括(a,b,c,d)。

　　a. 被切削工件;b. 夹具;c. 数控车床;d. 车刀;e. 测量用具

10. 刃磨车刀重要的几何角度有(a,b,c,d,e,f)等。

a. 主前角;b. 主后角;c. 主偏角;d. 副偏角;e. 副后角;f. 刃倾角;g. 刀尖角

(六)简答题　(共 10 分)

1. 指出 G41 G01 X45 Z-28 F120 和 G71 P20 Q40 U0.5 W0.2 F0.4 程序字在本程序段中的含义。(3 分)

答　(1)建立刀具补偿;直线插补;X 轴终点坐标值 45;Z 轴终点坐标值-28;以每分钟 120 mm 的速度插补。

(2)以复合内、外圆粗车循环方式切削;第一精切程序段段号为 20;最后一个精切程序段段号为 40;径向精切余量值为 0.5 mm;轴向精切余量值为 0.2 mm;每转进给量为 0.4 mm。

2. 为什么螺纹车削时要留有引入量和超越量?(2 分)

答　螺纹切削时设置引入量是为了设置足够的升速进刀阶段,以保证螺纹的螺距准确。超越量用以消除伺服滞后而造成的螺距误差,使螺纹的螺距准确。

3. 为什么要进行刀尖圆弧半径的补偿?刀尖圆弧半径补偿的实现分哪三大步骤?(3 分)

答　(1)理想刀尖形状(为一个点),而实际刀尖形状(为一段小圆弧)存在差异,会造成车削后工件的形状和尺寸与理想的工件形状和尺寸发生变化从而导致零件几何形状失真。为了弥补零件的几何形状失真故应采取刀尖圆弧半径补偿。

(2)刀尖圆弧半径补偿的实现分为刀补建立、刀补执行和刀补取消三大步。

4. 何为数控加工路线?编程时如何选择数控加工路线?(2 分)

答(1)在数控加工中,刀具刀位点相对于工件运动的轨迹线称为数控加工路线。

(2)编程时,加工路线的确定原则主要有:

①加工路线应保证被加工零件的精度和表面粗糙度,且效率高。

②加工路线应使数值计算简单,以减少编程工作量。

③加工路线应最短,以减少程序段,减少时间。

(七)根据表 10.1 中工件的形状和要求编写程序。(共 50 分)

表 10.1　程序内容

被加工工件图形	具体要求	请按(具体要求)写出全部程序内容
	请根据图形的尺寸要求加工锥面,分别用绝对坐标、增量坐标、混合坐标编写程序段。(5 分)	绝对坐标:G01 X40 Z-30 F0.5; 增量坐标:G01 U20 W-30 F0.5; 混合坐标:G01 X40 W-30 F0.5;

续表 10.1

被加工工件图形	具体要求	请按(具体要求)写出全部程序内容
	请根据图形的尺寸要求使用G00、G01指令编程(工件毛坯φ50 mm×100 mm)。(5分)	O0001； G98 G97 G40 G21； M03 S600 T0101； G00 X100.0 Z100.0； X55.0 Z5.0； G01 X0.0 F100； Z0.0 X36.0； X40.0 Z-2.0； 　　Z-20.0； X42.0； Z-40.0； X44.0； Z-60.0； X55.0； G00 X100.0 Z100.0； M05； M30；
	请根据图形的尺寸要求加工圆球面和柱面,请用基本移动G指令编写程序(工件材料为φ30 mm)。(5分)	O0002； G98 G97 G40 G21； M03 S600 T0101； G00 X100.0 Z100.0； X32.0 Z5.0； G01 X0.0 Z0.0 F100； G03 X24.0 Z-24.0 R15.0 F50； G02 X26.0 Z-31.0 R5.0； G01 Z-40.0； X32.0； G00 X100.0 Z100.0； M05； M30；

续表10.1

被加工工件图形	具体要求	请按(具体要求)写出全部程序内容
	请根据图形所示工件的尺寸要求,用固定循环 G 指令编写程序（毛坯 φ72 mm×150 mm）。(5分)	O0008 G98 G97 G40 G21； M3 S500 T0101； G00 X100.0 Z100.0； X75.0 Z5.0； G73 U25.0 R6； G73 P10 Q20 U0.5 W0.2 F200； N10 G0 X0.0； G01 Z0.0 F50； G03 X20.0 Z-10.0 R10.0； G01 Z-30.0； X40.0 Z-40.0； G03 X40.0 Z-80.0 R40.0； G01 Z-90.0； X70.0 Z-105.0； N20 X75.0； G70 P10 Q20 S800； G0 X100.0 Z100.0； M05； M30；

续表 10.1

被加工工件图形	具体要求	请按(具体要求)写出全部程序内容
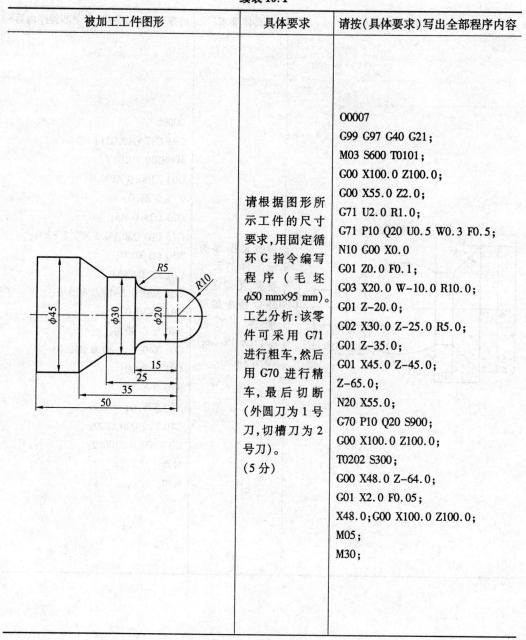	请根据图形所示工件的尺寸要求,用固定循环 G 指令编写程序(毛坯φ50 mm×95 mm)。工艺分析:该零件可采用 G71 进行粗车,然后用 G70 进行精车,最后切断(外圆刀为 1 号刀,切槽刀为 2 号刀)。(5分)	O0007 G99 G97 G40 G21; M03 S600 T0101; G00 X100.0 Z100.0; G00 X55.0 Z2.0; G71 U2.0 R1.0; G71 P10 Q20 U0.5 W0.3 F0.5; N10 G00 X0.0 G01 Z0.0 F0.1; G03 X20.0 W-10.0 R10.0; G01 Z-20.0; G02 X30.0 Z-25.0 R5.0; G01 Z-35.0; G01 X45.0 Z-45.0; Z-65.0; N20 X55.0; G70 P10 Q20 S900; G00 X100.0 Z100.0; T0202 S300; G00 X48.0 Z-64.0; G01 X2.0 F0.05; X48.0;G00 X100.0 Z100.0; M05; M30;

续表 10.1

被加工工件图形	具体要求	请按(具体要求)写出全部程序内容
	请根据图形的尺寸要求,用固定循环 G 指令编写程序(外圆刀为 1 号刀,切槽刀为 2 号刀)。 (5分)	O0003 G99 G97 G40 G21； M03 S600 T0101； G00 X100.0 Z100.0； X38.0 Z5.0； G71 U2.0 R1.0； G71 P1 Q2 U0.5 W0.1 F0.5； N1 G00 X0.0； G01 Z0.0； X10.0； X12.0 Z-1.0； Z-14.0； X16.0 Z-20.0； Z-30.0； X16.0； G03 X24.01 Z-34.0 R4.0； G01 Z-45.0； N2 X38.0； G70 P1 Q2 S900 F0.1； G00 X100.0 Z100.0； T0202 S400； G00 X15.0； Z-14.0； G01 X9.0 F0.2； G04 X2； X15.0； G00 X38.0； Z-49.0； G01 X0.0； G00 X100.0 Z100.0； M05； M30；

（八）根据表 10.2 中工件形状和技术要求编写加工程序。（每题 10 分，共 20 分）

表 10.2　加工程序

被加工工件图形	具体加工要求	请写出加工该零件的全部程序内容
	如图所示，毛坯为 $\phi40$ mm × 100 mm 的 45 钢，试编写加工程序。 分析：本题可以考虑从右到左一次装夹完成加工，调头后只切削总长。	参考程序如下： O0015； G99 G97 G40 G21； M03 S600 T0101；（外圆刀） G00 X100.0 Z100.0； X42.0 Z2.0； G71 U3.0 R10； G71 P10 Q20 U0.5 W0.2 F0.4； N10 G0 X0.0； G01 Z0.0 F0.1； G03 X8.98 Z−4.498 R4.5； G01 Z−8.0； X9.9； X11.9 Z−9.0； Z−23.0； X14.98； X24.98 Z−44.0； W−4.0； G03 X34.98 W−5.0 R5.0； G01 Z−58.0； X38.98； Z−75.5； N20 X42.0； G70 P10 Q20 S800； G00 X100.0 Z100.0； T0202 S400；（切槽刀刃宽 4 mm） G00 X16.0 Z−23.0； G01 X9.0 F0.1； X16.0； W1.0； X9.0； X16.0； G00 X100.0 Z100.0 T0303；（螺纹刀） G00 X15.0 Z−5.0； G92 X11.0 Z−20.0 F1.75； X10.3； X9.9； X9.725； X9.725； G00 X100.0 Z100.0； T0202； X36.0 Z−48.0； G01 X20.0 F0.1； X40.0； G00 Z−69.5； G01 X32.2 F0.1； X40.0； W−3.0； X32.2；

表 10.2 加工程序

被加工工件图形	具体加工要求	请写出加工该零件的全部程序内容
		X40.0; W-3.0; X32.2; X40.0; Z-69.0; X32.0; Z-75.0; X0.0 F0.05; G00 X42.0; X100.0 Z100.0; T0100; M05; M30;
	如图所示,该图形外轮廓已经完成,预加工内孔直径φ29 mm已钻通。 1 号刀内圆刀; 2 号刀内切槽刀,刀刃宽5 mm; 3 号刀内螺纹刀。 试编写内轮廓加工程序。	参考程序: O0019; G99 G97 G40 G21; M03 S600 T0101; G00 X28.0 Z3.0; G71 U2.0 R1.0 F0.5; G71 P10 Q20 U-0.5 W0.3; N10 G00 X57.6; G01 Z-20.0 F0.1; X56.0; X46.0 Z-24.0; W-4.0; G03 X38.0 W-4.0 R4.0; G02 X30.0 W-4.0 R4.0; N20 G01 W-4.5; G70 P10 Q20 S800; G00 X100.0 Z100.0; T0202 S400; G00 X56.0 Z2.0; Z-20.0; G01 X63.0 F0.1; X56.0; G00 Z3.0; X100.0 Z100.0; T0303 S400; G00 X55.0 Z3.0; G92 X58.3 Z-18.0 F2; X59.1; X59.7; X60.0; X60.0; G00X100.0 Z100.0; M05; M30;

第 11 章　数控铣床和加工中心实训指导

一、数控铣床和加工中心实训目的

"数控铣床和加工中心实训"是先进制造技术加工实训的核心内容,通过"数控铣床和加工中心实训"可以掌握在产品制造中数控铣床和加工中心零部件制造加工的基本技能。

"数控铣床和加工中心实训"是理论与实践紧密结合的培养先进制造技术的重要环节之一。学生在学习专业基础课和正在学习专业理论课的基础上,在教师的指导下通过独立实践操作,制作 5~6 个产品或实训零件,做到理论和实践结合,使专业技能得到进一步的提高,以达到数控铣床和加工中心先进制造技术技能综合训练的目的。

二、数控铣床和加工中心实训重点掌握的内容

1. 掌握数控铣床和加工中心安全文明生产规程和操作面板各功能键的操作应用。

2. 掌握数控铣床和加工中心的夹具系统、刀具系统、零部件图纸分析、工艺路线制定及切削用量的选择。

3. 掌握数控铣床和加工中心的对刀及参数设定。

4. 掌握数控铣床和加工中心刀具半径补偿与长度补偿的建立和取消及注意事项。

5. 熟悉常用 G, M, S, T 基本指令的指令内容和注意事项,以 FUNAC 0i 系统为例,讨论其在实际加工中的应用。

6. 掌握手工编程的基本方法和技巧,并能做到综合应用。

7. 掌握在数控铣床和加工中心上加工零部件的加工步骤。

8. 独立完成 3~4 个简单零部件的制作及复杂零部件的综合实训。

9. 掌握孔加工、极坐标、坐标旋转、比例缩放等特殊编程指令在手工编程中的应用和注意事项。

10. 掌握子程序的定义、嵌套、格式及调用。

11. 了解用户宏程序的编程及应用。

12. 掌握机床坐标系、机床参考点、工件坐标系的概念和相互关系及在编程中的应用。

三、数控铣床和加工中心实训的主要任务

(一)填空题　(每空 1 分,共计 10 分)

1.数控机床坐标系 X,Y,Z 三坐标轴及其正方向用(右手笛卡尔直角坐标系)判定,X,Y,Z 各轴的回转运动及其正方向+A,+B,+C 分别用(右手螺旋)法则判断。

2.走刀路线是指加工过程中,(刀具刀位)点相对于工件的运动轨迹和方向。

3.使用返回参考点指令 G28 时,应取消刀具(补偿功能),否则机床无法返回(参考点)。

4.在精铣内外轮廓时,为改善表面粗糙度,应采用(顺铣)的进给路线加工方案。

5.一般数控加工程序的编制分为三个阶段完成,即(工艺处理、数学处理和编程调试)。

6.决定某一种定位方式属于(几点定位)。

7.判断 G02(G03)方向时用(垂直于圆弧)所在平面的坐标轴(从正向往负向看),顺时针为 G02,逆时针为 G03。

(二)判断题　(每题 1 分,共 20 分,正确在括号中打√错打×)

1.完成几何造型,刀具轨迹生成,后置处理的编程方法称为图形交互式自动编程。
(　√　)

2.进行刀补就是将编程轮廓数据转换为刀具中心轨迹数据。(　√　)

3.换刀点应设置在被加工零件的轮廓之外,并要求有一定安全距离。(　√　)

4.加工任一斜线段轨迹时,理想轨迹都不可能与实际轨迹完全重合。(　√　)

5.在圆弧编程时,当圆弧圆心角小于 180°时,R 为正值,当圆弧圆心角大于等于 180°时,R 为负值。(　√　)

6.编写曲面加工程序时,步长越小越好。(　×　)

7.采用 G28 返回机床参考点是机床零点。(　×　)

8.在立式铣床上加工封闭式键槽时,通常采用立铣刀铣削,而且不必钻落刀孔。(　×　)

9.使用 G43,G44 指令时,只能有 Z 轴移动量,否则会报警!(　√　)

10.圆弧插补用半径编程时,当圆弧所对应的圆心角大于 180°时半径取负值。(　√　)

11.在开环数控机床上,定位精度主要取决于进给丝杠的精度。(　√　)

12.最常见的 2 轴半坐标控制的数控铣床,实际上是一台三轴联动的数控铣床。
(　×　)

13.数控机床的镜象功能适用于数控铣床和加工中心。(　√　)

14.刀具磨钝标准,通常都是以刀具前刀面磨损量做磨钝标准的。(　×　)

15.G00 和 G01 的运动轨迹都一样,只是速度不一样。(　×　)

16. 在(50,50)坐标点钻一个深10 mm的孔,Z轴坐标零点位于零件表面上,则指令为:G85 X50 Y50 Z-10 R0 F50。　　　　　　　　　　　　　（ × ）

17. 编程时直接按工件轮廓尺寸编程,刀具在因磨损、重磨后直径会发生改变,必修改程序,不需改变半径补偿参数。　　　　　　　　　　　　　　　　（ × ）

18. G94,G95为模态功能,可相互注销,G94为缺省值。　　　　　　　（ √ ）

19. 整圆编程时不可以使用R,只能用I,J,K。　　　　　　　　　　　（ √ ）

20. 各平面的选择切换,必须是在取消刀具补偿方式下进行。　　　　（ √ ）

21. 轮廓加工中,在接近拐角处应适当降低切削速度,以克服"超程"或"欠程"现象。

　　　　　　　　　　　　　　　　　　　　　　　　　　　　　　（ √ ）

（三）单项选择题 （每题1分,共计20分）

1. 刀具半径补偿值不一定等于刀具半径值,同一加工程序,采用同一刀具可通过修改刀补的办法实现对工件轮廓的(a);同时也可通过修改半径补偿值获得所需要的尺寸精度。

　　a. 粗加工和精加工;b. 粗加工;c. 精加工

2. 若取消刀具长度补偿,除使用G49外,也可以用(c)的方法。

　　a. G43;b. G44;c. H00

3. 数控铣床成功地解决了(b)生产自动化问题并提高了生产效率。

　　a. 单件;b. 大量;c. 中、小批

4. 数控铣床坐标命名规定,工作台纵向进给方向定义为(b)轴,其他坐标及各坐标轴的方向按相关规定确定。

　　a. X; b. Y;c. Z

5. 在数控铣床上,刀具从机床原点快速位移到编程原点上应选择(a)指令。

　　a. G00;b. G01;c. G02

6. 在数控铣床上的XY平面内加工曲线外形工件,应选择(a)指令。

　　a. G17;b. G18;c. G19

7. 铣削加工中,铣刀轴由于受到(b)的作用而产生弯矩,受到圆周铣削力的作用而产生扭矩。

　　a. 圆周铣削力;b. 径向铣削力;c. 圆周与径向两铣削力的合力

8. 用数控铣床铣削一直线成形面轮廓,确定坐标系后,应计算零件轮廓的(c),如起点、终点、圆弧圆心、交点或切点等。

　　a. 基本尺寸;b. 外形尺寸;c. 轨迹和坐标值

9. 在多坐标数控加工中,采用截面线加工方法生成刀具轨迹,一般(排除一些特殊情况)采用(a)。

　　a. 球形刀;b. 环形刀;c. 端铣刀

10. 数控编程指令G42代表(b)。

　　a. 刀具半径左补偿;b. 刀具半径右补偿;c. 刀具半径补偿撤销

11. 在数控机床的闭环控制系统中,其检测环节具有两个作用,一个是检测出被测信号的大小,另一个作用是把被测信号转换成可与(b)进行比较的物理量,从而构成反馈通道。

   a. 指令信号;b. 反馈信号;c. 偏差信号

12. 新铣床验收工作应按(b)进行。

   a. 使用单位要求;b. 机床说明书要求;c. 国家标准

13. 加工后零件有关表面的位置精度用位置公差等级表示,可分为(a)。

   a. 12 级;b. 18 级;c. 20 级

14. 刀库回零时,(c)。

   a. 只能从一个方向;b 可从两个方向;c. 可从任意方向

15. 辅助功能指令 M05 代表(c)。

   a. 主轴顺时针旋转;b. 主轴逆时针旋转;c. 主轴停止

16. 物体通过直线、圆弧、圆以及样条曲线等来进行描述的建模方式是(a)。

   a. 线框建模;b. 表面建模;c. 实体建模

17. 数控铣床在进给系统中采用步进电机,步进电机按(c)转动相应角度。

   a. 电流变动量;b. 电压变化量;c. 电脉冲数量

18. CAD 系统中的图库就是利用(b)原理设计的。

   a. 新设计;b. 适应性设计;c. 变量设计

19. 围绕 Z 轴旋转的圆周进给坐标轴用(c)表示。

   a. a;b. b;c. c

20. 磁盘上常见"XXMB"字样,其含义是表示(b)。

   a. 磁盘编号;b. 磁盘容量;c;传输速率

(四)简答题 (每题 4 分,共计 20 分)

1. 数控机床加工和普通机床加工相比有何特点?

答 与普通机床相比,数控机床是一种机电一体化的高效自动机床,它具有以下加工特点:

(1)具有广泛的适应性和较高的灵活性;

(2)加工精度高,质量稳定;

(3)加工效率高;

(4)可获良好的经济效益。

2. G90 X20.0 Y15.0 与 G91 X20.0 Y15.0 有什么区别?

答 G90 表示绝对尺寸编程;X20.0,Y15.0 表示的参考点坐标值是绝对坐标值;G91 表示增量尺寸编程;X20.0,Y15.0 表示的参考点坐标值是相对前一参考点的坐标值。

3. 简述 G00 与 G01 程序段的主要区别。

答 G00 指令要求刀具以点位控制方式从刀具所在位置用最快的速度移动到指定位置,快速点定位移动速度不能用程序指令设定。G01 是以直线插补运算联动方式由某坐标点移动到另一坐标点,移动速度由进给功能指令 F 设定,机床执行 G01 指令时,程序段中必须含有 F 指令。

4.刀具返回参考点的指令有几个? 各在什么情况上使用?

答　刀具返回参考点的指令有两个。G28 指令可以使刀具从任何位置以快速定位方式经中间点返回参考点,常用于刀具自动换刀的程序段。G30 指令使刀具从任何位置以快速定位方式返回到参考点,常用于返回到第二参考点。

5.在数控加工中,一般固定循环由哪 6 个顺序动作构成?

答　固定循环由以下 6 个顺序动作组成:①X,Y 轴定位;②快速运动到 R 点(参考点);③孔加工;④在孔底的动作;⑤退回到 R 点(参考点);⑥快速返回到初始点。

(五)综合应用题　(30 分)

1.写出材质为 45 钢,图 11.1 拉深模的加工工艺方案。(10 分)

答　(1)选择 $\phi16$ 键槽刀分层铣削出 $\phi30$ 的凹圆部分,每层下刀深度为 1.5 mm,分 6 刀完成,主轴转速为 S600,Z 向进给速度为 F50,X,Y 向进给速度为 F100。

(2)选择 $\phi16$ 平底立铣刀具先分层粗铣出 110×70×15 凸台轮廓(分 5 刀铣削加工,周边留 0.3 mm 精加工余量,精加工刀具可选用 $\phi16$ 键槽刀完成;粗加工主轴转速为 S600,进给速度为 F120,精加工主轴转速为 S900,进给速度为 F100,下刀点设在 X-80 Y-60 位置)和深度为 5 mm 的凹四边形轮廓(分 2 刀铣削完成;下刀点设在 $\phi30$ 圆心部位,其中凹四边形轮廓用片刀法去掉多余余料)。

(3)选择 $\phi10$ 麻花钻完成两个通孔的加工,为保证两孔距应选择点钻加工出预钻孔,然后选择 G73 深钻孔固定循环指令啄式加工完成。

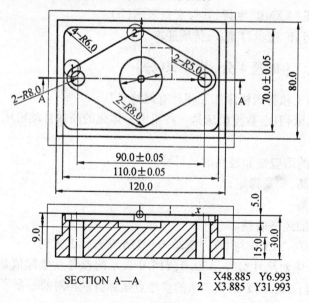

1	X48.885　Y6.993
2	X3.885　Y31.993

图 11.1　拉深模

2.手工编写图 11.1 拉深模的加工程序。(20 分)

(1)$\phi30$ 的凹圆程序

◆　O0001;　主程序

◆ G54 G90 G40 G21 G94；

◆ G91 G28 Z0；

◆ T1 M6；

◆ G90 G0 X0. Y0. S600 M03；

◆ G43 Z100.0 H1；

◆ Z2. M8；

◆ G1 Z0. F80；

◆ M98P2L6；

◆ G0 Z100.0 M9；

◆ G91 G28 Z0；

◆ M5；

◆ M30；

◆ O0002；　子程序

◆ G91 G01 Z-1. F50；

◆ G90 G42 G01 X-15. Y0. D01F120；

◆ G02 I15.；

◆ G40 X0. Y0.；

◆ M99；

(2)凸台程序

◆ O0003；　主程序

◆ G54 G90 G40 G21 G94；

◆ G91 G28 Z0；

◆ T2 M6；

◆ G90 G0 X-80. Y-60. S600 M03；

◆ G43 Z100.0 H2；

◆ Z2. M8；

◆ G1 Z0. F80；

◆ M98P4L5；

◆ G0 Z100.0 M9；

◆ G91 G28 Z0；

◆ M5；

◆ M30；

◆ O0004　子程序

◆ G91 G01 Z-3. F80；

◆ G90 G41G01 X-55. Y-40. D02F120；

◆ G01 Y29.；

❖ G02 X-49. Y35. R6. ;

❖ G01 X49. ;

❖ G02 X55. Y29. R6. ;

❖ G01 Y-29. ;

❖ G02 X49. Y-35. R6. ;

❖ G01 X-49. ;

❖ G02 X-55. Y-29. R6. ;

❖ G40 X-80. Y-60. ;

❖ M99；

(3) 凹四边形程序

❖ O0005； 主程序

❖ G54 G90 G40 G21 G94；

❖ G91 G28 Z0；

❖ T3 M6；

❖ G90 G0 X0. Y0. S600 M03；

❖ G43 Z100.0 H3；

❖ Z2. M8；

❖ G1 Z0. F80；

❖ M98P5L2；

❖ G0 Z100.0 M9；

❖ G91 G28 Z0；

❖ M5；

❖ M30；

❖ O0006； 子程序

❖ G91 G01 Z-2.5. F80；

❖ G90 G41G01 X-53. Y0. D03F120；

❖ G02 X-48.885 Y6.993 R8. ;

❖ G01 X3.885 Y31.993；

❖ G02 X-3.885 Y31.993 R8. ;

❖ G01 X48.885 Y6.993；

❖ G02 X48.885 Y-6.993 R8. ;

❖ G01 X3.885 Y-31.993；

❖ G02 X-3.885 Y-31.993 R8. ;

❖ G01 X-48.885 Y-6.993；

❖ G02 X-53. Y0. R8. ;

❖ G40 X0. Y0. ;

❖ M99；

(4)两孔程序

❖ O0007；　主程序

❖ G54 G90 G40 G21 G94 G80；

❖ G91 G28 Z0；

❖ T4 M6；

❖ G90 G0 X0. Y0. S600 M03；

❖ G43 Z100.0 H3；

❖ Z20. M8；

❖ G98 G73X −45 Y 0. Z−30. R5. Q5000 F80；

❖ X45

❖ G80

❖ G0 Z100.0 M9；

❖ G91 G28 Z0；

❖ M5；

❖ M30；

第12章　数控加工自动编程技术实训指导

一、数控加工自动编程技术实训的目的

"数控加工自动编程技术实训"是工程实践训练中重要的内容,通过"数控加工自动编程技术实训",可以掌握在产品制造中数控加工自动编程技术的基本技能。

"数控加工自动编程技术实训"主要掌握数控机床自动编程的基本概念和步骤,SIEMENS NX CAM软件的使用,并结合实例了解数控车削和数控铣削的自动编程方法。通过教师的指导学生可独立完成复杂零部件的自动编程工艺制定、刀轨生成及程序后处理,并通过与实际加工的结合掌握数控加工自动编程技术在生产加工中的操作方法,以达到工程实践综合训练的目的。

二、数控加工自动编程技术实训重点掌握的内容

1. 了解自动编程的定义、种类、特点、功能和基本编程步骤。
2. 掌握 SIEMENS NX CAM 车削加工和铣削加工的自动编程方法。
3. 熟练使用 SIEMENS NX CAM 软件并在实际生产中应用。

三、数控加工自动编程技术实训的主要任务

(一)名词解释(每题2分,共10分)

1. 自动编程。

答　自动编程是指计算机辅助编程,是利用计算机专用软件编制数控加工程序的过程。

2. 部件几何体。

答　部件几何体是指用于表示被加工零件的几何对象,是系统计算刀轨的基本依据。

3. 陡峭区域。

答　陡峭区域是指零件上陡峭度大于等于指定陡峭角的区域。

4. 步进。

答　步进是指用于定义两条相邻切削路径之间的水平距离。

5. 线性车削。

答　线性车削是指车刀沿着直线单向走刀,并且各层之间彼此平行的车削方式。

(二)判断题　(每空 1 分,共 10 分,正确在括号中打√错打×)

1. 创建操作的目的是存贮 CAM 的信息和生成刀轨。　　　　　　　(　√　)

2. Mill_Contour 表示平面铣削类型。　　　　　　　　　　　　　(　×　)

3. NX CAM 中每个工件只能设定一个加工坐标系。　　　　　　　(　×　)

4. 平面铣与型腔铣中均用用 Cut Depth 选项定义切削深度。　　　(　×　)

5. 数控车自动编程时,可不做出实体模型只做二维线框。　　　　(　√　)

6. 在铣削策略的切削方向中只有"顺铣"和"逆铣"两种 。　　　　(　×　)

7. 操作中使用的刀具只可以通过创建刀具来得到。　　　　　　　(　×　)

8. 多刃立铣刀加工封闭轮廓时进刀方式需要选择螺旋或沿形状斜进刀。(　√　)

9. 数控车刀具选择中"OD−80−L"表示刀尖角 80°左偏外圆车刀。　(　√　)

10. 固定轴曲面轮廓铣使用于复杂轮廓表面的加工。　　　　　　　(　×　)

(三)填空题　(每空 2 分,共 20 分)

1. NX 模块的加工类型主要有数控铣、(数控车)、(点位加工)、线切割 4 大类。

2. 进入加工环境可以通过"开始/加工"命令或者使用快捷键(Ctrl+Alt+M)来实现。

3. 步进距离的指定有百分比刀具平直、残余高度、(恒定)、多个、变量平均值 5 种类型。

4. 型腔铣切削模式中的(单向走刀)、(往复走刀)和单向轮廓走刀将生成平行的直线刀轨。

5. 平面铣中边界分为(永久边界)和临时边界两种类型。

6. 粗车加工的切削策略包括线性车削、(轮廓车削)、倾斜车削和插入式车削。

7. 点位加工中最小安全距离是指刀具沿(刀轴)方向离开加工表面的最小距离。

8. 固定轴曲面轮廓加工中曲线/点驱动允许通过指定(点和曲线)来定义驱动几何体。

(四)单项选择题　(每空 2 分,共 10 分)

1. 单击下列工具中的(c)按钮,可以将操作导航器切换到程序顺序视图。

a. [图标] ;b. [图标] ;c. [图标]

2. 平面铣是一种(b)轴的加工方法。

a. 2 ;b. 2.5 ;c. 4

3. 与平面铣操作相比,型腔铣操作在"策略"选项卡中多了(c)选项组。

a. 切削顺序;b 毛坯距离;c. 延伸刀轨

4. 固定轴曲面轮廓铣加工策略选项中,可供使用的切削策略不包括(c)。

a. 在边上延伸;b. 在边缘滚动刀具;c. 安全平面

5. 下列图标中,(a)代表指定数控车削毛坯边界的操作。

a. [图标] ;b. [图标] ;c. [图标]

（五）多项选择题　（每空 2 分，其中每空中选错一个不得分，共 20 分）

1. 可视化刀轨检验的方式有(a,c,d)几种。
   a. 重播刀具路径；b. 3D 动态显示刀具路径；
   c. 2D 动态显示刀具路径；d. 4D 动态显示刀具路径

2. 平面铣操作中几何体边界包括(a,b,c,d,e)几种类型。
   a. 零件边界；b 毛坯边界；c. 检测边界；d. 修剪边界；e. 底平面

3. 型腔铣操作主要用于加工(a,b,c,d,e)类型的零件。
   a. 曲面；b. 小斜度侧壁；c. 型芯；d. 岛屿顶面；e. 槽底平面

4. 等高轮廓铣特有的操作参数有(a,b,c)。
   a. 陡峭角；b. 合并距离；c. 最小切削深度；d. 区域优化

5. 轮廓区域铣削驱动方法中不包括(d、e)方法。
   a. 边界；b. 流线；c. 清根；d. 跟随周边；e. 跟随轮廓

6. 封闭区域进刀类型包过(a,b,d)几种。
   a. 螺旋线；b. 沿形状斜进刀；c. 线性；d. 插削；e. 圆弧

7. 数控车切削策略中包括(b,c,d)。
   a. 全部精加工；b. 单向线性切削；c. 往复轮廓切削；d. 交替插削

8. 数控铣选择加工坐标系可参考的坐标系有(a,b,c)。
   a. WCS；b. 绝对；c. 选定的 CSYS；d. 当前视图的 CSYS

9. 下列图标中哪些表示的是加工类型(a,b,c,d)。
   a. ；b. ；c. ；d. ；e.

10. 数控车选择毛坯的方式有(a,b,c,e)。
    a. 棒料；b. 管材；c. 从曲线料；d. 自动块；e. 从工作区

（六）简答题　（共 30 分）

1. 简述安全平面设置的方式及其作用。(6 分)

答　安全平面设置的方式有：①使用继承的；②无；③自动；④平面。其作为是定义刀具从一个刀具点退刀后运动到下一个切削点的高度。

2. 为什么要在创建操作前先要创建程序、刀具、几何体和方法等父节点组？　(8 分)

答　在创建操作前先创建程序、刀具、几何体和方法等父节点组的优点如下：

①可以减小部件文件的大小；

②在只需要选择对应的父节点组即可快速容易地创建多个操作；

③操作与它的父节点组之间具有相关性，操作继承了父节点组的信息，修改父节点组后，只需重新生成刀轨即可。

3. 简述数控车自动编程粗加工的步骤。(6 分)

答　① 创建部件边界；

② 创建毛坯边界；

③ 创建粗加工刀具；

④ 创建粗车操作；

⑤ 指定轮廓加工类型及加工余量；

⑥ 生成刀具轨迹。

4.在型腔铣中,生成刀轨时如果出现这样一个警告信息：

Tool Cannot Cut into Any Level

这时应检查哪些设置？(4 分)

答　出现这个警告信息时：

①要检查刀轴方向和加工坐标系的 ZM 是否正确；

②再检查刀具是否太大；

③检查切削区间的设置是否正确。

5.根据表 12.1 中的图形确定其含义。(6 分)

表 12.1　工件图形

图形	含义	图形	含义
	确认导轨		几何视图
	切削参数		等高轮廓铣
	数控车单向切削		进给率和速度

第 13 章　数控电火花线切割加工实训指导

一、数控电火花线切割实训的目的

"数控电火花线切割实训"是理论与实践紧密结合的综合技能培养环节之一,通过"数控电火花线切割实训"基本掌握电火花线切割加工工艺,熟悉数控电火花线切割机床的功能、编程与操作。

"数控电火花线切割实训"是学生在学习或正在学习机械工程实训教程的基础上,在教师的指导下通过实训,使学生初步掌握数控线切割的加工技能、被加工工件的特点、机床的结构、操作方法和工件的装夹、找正、电极丝的安装及调整,了解在加工过程中脉冲电源主要参数对工艺指标的影响,使学生能够独立、合理地选择脉冲参数;能对一些常见故障进行排除,以达到工程实践综合训练的目的。

二、数控电火花线切割实训重点掌握的内容

1. 掌握数控电火花线切割机床安全操作规程。
2. 掌握数控电火花线切割机床的组成、工作原理、用途及分类。
3. 熟悉 HF 线切割编程控件的界面,操作和主要功能。
4. 掌握用 HF 软件进行绘制和编制工件图形,以及图形进行自动编程、生成 ISO、3B 代码。
5. 熟悉数控电火花快走丝线切割机床的开关机操作,电火花快走丝线切割机床的电极丝的安装及调整。
6. 掌握脉冲电源主要参数的合理选择、工艺制定、工件的正确装夹方法、切割加工的步骤及加工过程中特殊情况的处理。
7. 独立设计数控电火花快走丝线切割机床加工的零件图形,并完成其图形的加工。

三、数控电火花线切割实训的主要任务

(一)名词解释　(每题 2 分,共 10 分)

1. 电蚀产物。

答　电蚀产物指工作液中电火花放电时的生成物,主要包括从两电极上电蚀下来的金属材料微粒和工作液分解出来的游离炭黑和气体等。

2. 脉冲放电。

答　脉冲放电是指脉冲性的放电,这种放电在时间上是断续的,在空间上放电是分散的,是电火花加工常用的放电形式。

3. 二次放电。

答　二次放电是指在已加工面上,由于加工屑等介入而进行再次放电现象。

4. 电参数。

答　电参数是指电加工过程中的电压、电流、脉冲宽度、脉冲间隔、功率和能量等参数。

5. 切割速度。

答　切割速度是指在保持一定的表面粗糙度的切割过程中,单位时间内电极丝中心线在工件上扫过的面积(mm^2/min)的总和。

(二)判断题　(每空 1 分,共 10 分,正确在括号中打√错打×)

1. 电火花线切割加工通常采用正极性加工。　　　　　　　　　　　　　　(√)

2. 脉冲宽度及脉冲能量越大,则放电间隙越小。　　　　　　　　　　　　(×)

3. 快走丝线切割加工速度快,慢走丝线切割加工速度慢。　　　　　　　　(×)

4. 电火花线切割加工机床脉冲电源的脉冲宽度一般在 2~60 μs 。　　　　(√)

5. 线切割加工中工件几乎不受力,所以加工中工件不需要夹紧。　　　　　(×)

6. 线切割加工编程时,计数长度的单位应为 mm。　　　　　　　　　　　(×)

7. 在线切割加工中,当电压表、电流表的表针稳定不动,此时进给速度均匀、平稳,是线切割加工速度和表面粗糙度均好的最佳状态。　　　　　　　　　　　(√)

8. 电火花线切割加工过程中,电极丝与工件之间存在"疏松接触"式轻压放电现象。
　　　　　　　　　　　　　　　　　　　　　　　　　　　　　　　　(√)

9. 电火花线切割不仅可以加工导电材料,也可加工非导电材料。　　　　　(×)

10. DK7740 型号的数控电火花线切割机床,字母 K 属于机床特性代号,是数控的意思。　　　　　　　　　　　　　　　　　　　　　　　　　　　　(√)

(三)填空题　(每空 1 分,共 10 分)

1. 电火花线切割机床按走丝速度分为(低速走丝)方式和(高速走丝)方式。

2. 电极丝的进给速度大于材料的蚀除速度,致使电极丝与工件接触,不能正常放电,称为(短路)。

3. 电火花线切割机床控制系统的功能包括(轨迹控制)、(加工控制)。

4. 在电火花线切割加工中,被切割工件的表面上出现的相互间隔的凸凹不平或颜色不同的痕迹称为(条纹)。

5. 在电火花线切割加工中,为了保证理论轨迹的正确,偏移量等于(电极丝半径)与(放电间隙)之和。

6. 电火花线切割加工时,即使正极和负极是同一种材料,正负两极的蚀除量也是不同的,这种现象称为(极性效应)。

7. 在电火花加工中,连接两个脉冲电压之间的时间称为(脉冲间隔)。

(四)单项选择题 (每空2分,共20分)

1. 电火花线切割机床使用的脉冲电源输出的是(c)。

    a. 固定频率的单向直流脉冲;b. 固定频率的交变脉冲电源;

    c. 频率可变的单向直流脉冲;d. 频率可变的交变脉冲电源

2. 用线切割机床加工直径为 10 mm 的圆孔,在加工中当电极丝的补偿量设置为 0.12 mm时,加工孔的实际直径为 10.02 mm。如果要使加工的孔径为 10 mm,则采用的补偿量应为(d)。

    a. 0.10 mm;b. 0.11 mm;c. 0.12 mm;d. 0.13 mm

3. 快走丝线切割最常用的加工波形是(b)。

    a. 锯齿波;b. 矩形波;c. 分组脉冲波;d. 前阶梯波

4. 线切割加工中,工件一般接电源的(a)。

    a. 正极,称为正极性接法;b. 负极,称为负极性接法;

    c. 正极,称为负极性接法;d. 负极,称为正极性接法

5. 线切割加工中,当穿丝孔靠近装夹位置时,开始切割时电极丝的走向应(a)。

    a. 沿离开夹具的方向进行加工;b. 沿与夹具平行的方向进行加工;

    c. 沿离开夹具的方向或与夹具平行的方向;d. 无特殊要求

6. 不能使用电火花线切割加工的材料为(d)。

    a. 石墨;b. 铝;c. 硬质合金;d. 大理石

7. 使用线切割加工较厚的工件时,电极丝的进口宽度与出口宽度相比(b)。

    a. 相同;b. 进口宽度大;c. 出口宽度大;d. 不一定

8. 快走丝线切割加工厚度较大工件时,工作液应采用(d)。

    a. 工作液的浓度要大些,流量要略小;b. 工作液的浓度和流量均应大一些;

    c. 工作液的浓度要小些,流量也要略小;d. 工作液的浓度要小些,流量要大些

9. 对于快走丝线切割机床,在切割加工过程中电极丝运行速度一般为(b)。

    a. 3 ~ 5 m/s;b. 8 ~ 10 m/s;c. 11 ~ 15 m/s;d. 4 ~ 8 m/s

10. 线切割机床的安全操作说法正确的是(b)。

    a. 当机床电器发生火灾时,可以用水对其进行灭火;

    b. 当机床电器发生火灾时,应用四氯化碳灭火器灭火;

    c. 线切割机床在加工过程中产生的气体对操作者的健康没有影响;

    d. 由于线切割机床在加工过程中的放电电压不高,所以加工中可以用手接触工件或机床

(五)多项选择题 (每空2分,其中每空中选错一个不得分,共20分)

1. 电火花线切割加工属于(a,b)。

    a. 放电加工;b. 特种加工;c. 切削加工;d. 电弧加工

2. 在线切割加工中,加工穿丝孔的目的有(a,b)。

a. 保证零件的完整性;b. 减小零件在切割中的变形;

c. 容易找到加工起点;d. 提高加工速度

3. 电极丝的张紧力对线切割加工的影响,正确说法的有(c,d)。

a. 电极丝张紧力越大,其切割速度越大;

b. 电极丝张紧力越小,其切割速度越大;

c. 电极丝的张紧力过大,电极丝有可能发生疲劳而造成断丝;

d. 在一定范围内,电极丝的张紧力增大,切割速度增大;当电极丝张紧力增加到一
定程度后,其切割速度随张紧力增大而减小

4. 通过电火花线切割的微观过程,可以发现在放电间隙中存在的作用力有(a,b,c,d)。

a. 电场力;b. 磁力;c. 热力;d. 流体动力

5. 使用步进电动机控制的数控机床具有(a,b,c)优点。

a. 结构简单;b. 控制方便;c. 成本低;d. 控制精度高

6. 电火花线切割加工过程中,电极丝与工件间存在的状态有(a,b,c,d)。

a. 开路;b. 短路;c. 火花放电;d. 电弧放电

7. 快走丝线切割加工中,当其他工艺条件不变,增大脉冲宽度,可以(a,c,d)。

a. 提高切割速度;b. 表面粗糙度会变好;c. 增大电极丝的损耗;

d. 增大单个脉冲能量

8. 快走丝线切割加工中,电极丝张紧力的大小应根据(a,b,c)的情况来确定。

a. 电极丝的直径;b. 加工工件的厚度;c. 电极丝的材料;d. 加工工件的精度要求

9. 电火花线切割加工中,当工作液的绝缘性能太高时会(b,c,d)。

a. 产生电解;b. 放电间隙小;c. 排屑困难;d. 切割速度缓慢

10. 在电火花线切割加工中,采用正极性接法的目的有(a,b,c)。

a. 提高加工速度;b. 减少电极丝的损耗;c. 提高加工精度;d. 提高表面质量

(六)简答题　(每题 5 分,共 20 分)

1. 数控线切割加工的主要工艺指标有哪些?

答　电火花线切割加工的主要工艺指标有切割速度、表面粗糙度、电极丝损耗量、加
工精度。

2. 什么情况下需要加工穿丝孔? 为什么?

答　在使用线切割加工凹形类封闭零件时,为了保证零件的完整性,在线切割加工前
必须加工穿丝孔;对于凸形类零件在线切割加工前一般不需要加工穿丝孔,但当零件的厚
度较大或切割的边比较多,尤其对四周都要切割及精度要求较高的零件,在切割前也必须
加工穿丝孔,此时加工穿丝孔的目的是减少凸形类零件在切割中的变形。这是因为在线
切割加工过程中毛坯材料的内应力会失去平衡而产生变形,影响加工精度,严重时切缝会
夹住或拉断电极丝,使加工无法进行,从而造成工件报废。

3. 数控电火花线切割加工中对工件装夹有哪些要求?

答　(1) 工件的基准面应清洁无毛刺,经过热处理的工件,在穿丝孔内及扩孔的台阶
处,要清除热处理残留物及氧化皮。

(2)所选夹具应具有必要的精度,应便于装夹、便于协调工件和机床的尺寸关系。

(3)对工件的夹紧力要均匀,不得使工件变形或翘起。

(4)工件夹的位置应有利于工件找正,并应与机床行程相适应,工作台移动时工件不得与丝架相碰。

(5)要求加工精度较高的工件时,工件装夹后,必须通过百分表校正工件,使工件平行于机床坐标轴,垂直于工作台。

(6)在加工大型模具时,要特别注意工件的定位方式,尤其在加工快结束时,工件的变形、重力的作用会使电极丝被夹紧,影响加工。

(7)大批量零件加工时,最好采用专用夹具,以提高生产率。

(8)细小、精密、壁薄的工件应固定在不易变形的辅助夹具上。

4.加工图13.1所示凸模零件,采用悬臂式装夹方式,左端为夹持部分。试分析说明图示切割起点及切割路线的优缺点。

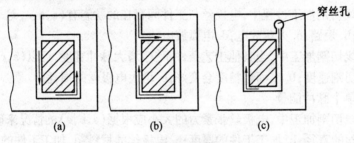

(a)　　　　　　(b)　　　　　　(c)

图13.1　凸模

答　线切割加工工艺中,切割起点和切割路线的确定合理与否,将影响工件变形的大小,从而影响加工精度。图13.1(a)所示的切割起点和切割路线是不正确的,因为其切割起点是从坯料外切入,切割路线的第一段靠近夹持部位,当切割完第一边继续加工时,由于原来主要连接的部位被割离,余下材料与夹持部分的连接较少,工件的刚度大为降低,容易产生变形而影响加工精度。图13.1(b)所示的切割路线正确,第一段程序远离夹持部位,最后一段程序靠近夹持部位,工件的刚度不会降低。但切割起点是从坯料外切入的,当切入切割凸模时,因材料应力不平衡产生变形,如张口或闭口变形,以致影响加工精度,甚至造成夹丝、断丝,使切割无法进行。这种方案不是很好,只用于精度要求不高的凸模零件。图13.1(c)所示,电极丝不由坯料外部切入,而是将切割起点取在坯料的穿丝孔中,可以使工件坯料保持完整,从而减小变形所造成的误差。这种方案好,一般用于加工精度要求高的凸模零件。

(七)计算题　(10分)

加工图13.2所示零件的落料模,已知该模具要求单边配合间隙,$\delta_{配}=0.02$ mm,电极丝在加工中单边放电间隙 $\delta_{电}=0.01$ mm,所用钼丝直径为0.18 mm。计算出凸模、凹模的间隙补偿量。

答　因该模具为落料模,冲件的尺寸由凹模决定,模具的配合间隙应在凸模上扣除,所以凹模的间隙补偿量为

$$f_{凹}=r_{丝}+\delta_{电}=0.09 \text{ mm}+0.01 \text{ mm}=0.10 \text{ mm}$$

凸模的间隙补偿量为

$$f_{凸}=r_{丝}+\delta_{电}-\delta_{配}=0.09 \text{ mm}+0.01 \text{ mm}-0.02 \text{ mm}=0.08 \text{ mm}$$

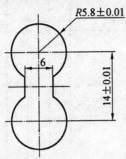

图 13.2　连环

材料名称	学院	工 艺 过 程 卡 片		零(部)件编号		共 2 页	第 1 页
	合金结构钢			零(部)件名称	十字轴		
材料编号	20Cr MnTi-GB/T3077	毛坯种类	锻件	件名称	2		
		原材料尺寸		单车用量			
				年时基数/1 班	年时基数/2 班		
					年时基数/3 班		
工序	工 序 名 称	工艺装备	设备型号	设备名称	设 备 效 率	设 备	负 荷
					工时 (min)		
					定 员		

									会签（日期）	
									标准化（日期）	
									审核（日期）	
									校对（日期）	
									编制（日期）	
										日期
										签字
										更改文件号
										处数
										标记
										日期
										签字
										更改文件号
										处数
										标记

参考文献

[1] 吕怡方,吴俊亮.机械工程实训教程[M].济南:山东科学技术出版社,2010.

[2] 丘立庆,梁庆,邓敏和,等.模具数控电火花线切割工艺分析与操作案例[M].北京:化学工业出版社,2008.

[3] 周旭光.线切割及电火花编程与操作实训教程[M].北京:清华大学出版社,2006.

[4] 张学仁.数控电火花线切割加工技术[M].修订版.哈尔滨:哈尔滨工业大学出版社,2005.

[5] 王茂元.机械制造技术[M].北京:机械工业出版社,2001.

[6] 刘霞.金工实习[M].北京:机械工业出版社,2009.

[7] 廖维奇,王杰,刘建伟.金工实习[M].北京:国防工业出版社,2008.

[8] 孙玉中,孙刚.钳工实习[M].北京:清华大学出版社,2006.

[9] 董丽华.金工实习实训教程[M].北京:电子工业出版社,2006.

[10] 张伟.数控机床操作与编程实践教程[M].杭州:浙江大学出版社,2007.

[11] 李刚,杨铁峰.数控机床加工实训[M].北京:北京航空航天大学出版社,2007.

[12] 丁德全.金属工艺学[M].北京:机械工业出版社,2008.

[13] 宫成立.金属工艺学[M].北京:机械工业出版社,2008.

[14] 朱海.金属工艺学实习教材[M].哈尔滨:东北林业大学出版社,2004.

[15] 孔庆华.金属工艺学实习[M].上海:同济大学出版社,2005.

[16] 孙朝阳.金属工艺学[M].北京:北京大学出版社,2006.

[17] 沈剑锋,金玉峰.数控编程200例[M].北京:中国电力出版社,2009.

[18] 张超英,罗学科.数控加工综合实训[M].北京:化学工业出版社,2008.

[19] 王国凡.钢结构焊接导论[M].哈尔滨:哈尔滨工业大学出版社,2009.